ソーシャルメディア文章術

SNSの超プロが教える

樺沢紫苑
Zion Kabasawa

サンマーク出版

はじめに

「ソーシャルメディアに書き続けるのは大変！」

「何を書いていいかわかりませんが、とりあえず書いていますが、全く反応がありません」「毎日のネタ探しに苦労しています」「忙しくて書く時間がとれません」「書くモチベーションが続きません」……。

2011年4月に出版した『ツイッターの超プロが教える　Facebook仕事術』（小社）。この本を読み、たくさんの方がFacebookの基本を学び、Facebookをスタートされたようで、私の元にたくさんの感謝のメールやメッセージが届いています。

しかし一方で、冒頭に書いた声のように、実際にソーシャルメディアを始めて、いろいろな問題に直面したという話もよく聞きます。

これらのソーシャルメディア・ユーザーの悩みは、全て「書く」ことに関連しているのです。Facebookに限らず、Twitter、ブログなどでも同じですが、継続的に「書く」ということに対して慣れていない人が多いせいか、毎日書き続けるということに大変さを感じ、続けられない人が多いという現実があるようです。

ソーシャルメディアに書くのは非常に楽しいことです。「参考になりました」「勉強になりました」「良い情報を教えてくれて本当にありがとうございます」とたくさんの感謝のコメントが付きます。自分の書いた記事が多くの人の役に立っているという実感があります。

しかし、そのためには「書く」ための工夫が必要です。伝わるように書く、反応が出るように書く、時間をかけずに、効率的に書く……。これらのライティングの技術を知っていないといけません。

なぜ今、ライティングの技術が必要なのか？

これからは、インターネットの時代だ！　これに対して反論する人は、まずいないと思います。インターネットの時代。しかしこれは、「書く」能力が重視される時代ともいえるのです。なぜならば、インターネットの世界を一言でいえば、「テキスト」（文字）の世界、だからです。

インターネット上のコンテンツ、つまり、ウェブサイトやブログの記事というのは、画像や音声もありますが、そのほとんどは「テキスト」で構成されています。テキストを入力せず文章を書かずに、パソコンやインターネットを使いこなすことはできないのです。

インターネットは「テキスト」を中心に動く。これは、今から10年後も変わらないでしょう。

さらに、私たちのコミュニケーションも、テキストによって行われるようになってきています。例えば、メール。あるいは、Facebookのメッセージなどは、「テキスト」でやりとりされます。恋人との連絡も、会社の文書も通達も、メールやメッセージを介して、テキストで届く時代になりました。

今までの時代は、「話す技術」の時代でした。自分の思ったこと、考えたことを、きちんと言葉で話せる人。上手に話して伝えられる人が優秀な人であり、成功する人であったはずです。社内のコミュニケーション、お客様との会話、あるいは、営業のトーク。多数の人の前で話す、プレゼンテーションの技術。

しかし、**これからは「書く技術」の時代です。「文章」でコミュニケーションをする時代なのですから。**少々「話し下手」であっても、人を引き付ける文章が書け、メールやメッセージでしっかりとコミュニケーションがとれれば、ビジネスで成功することができるでしょう。

魅力的なメールを書くことができれば、交友関係も豊かになり、友達も増え、恋人ともうまくいく。仕事だけではなく、プライベートの充実にも、「書く技術」は欠かせません。

あるいは、インターネットで発信すれば、1万人、10万人という、凄《すご》い数の人たちに、自分の考えを伝えることができます。リアル社会において、「話す」ことによって伝えられる人数は、数十人からせいぜい数百人くらいまででしょう。つまり、「書く技術」を持つ人は、ありえないほどの影響力を発揮することができるのです。

逆に、「書く」のが苦手だという人は、その苦手意識は今のうちに克服しておいたほうがいいと思います。文章というのは、才能とは関係なく、たくさん書くことで必ず上達します。


インターネットの時代は、「書く技術」が必要とされる時代。今から書く技術を磨き、仕事での成功とプライベートの充実を得る……。「書く」だけで、「幸せ」が手に入る時代なのですから、「書く技術」を磨かない手はありません。

なぜ精神科医の私が、ライティングの本を書いたのか？

私は、10年以上、インターネット上に文章を書き続けてきました。

私がホームページをはじめて作ったのは、1998年。その後、2001年にカレーの食べ歩きのサイトを立ち上げ、そのサイトが火付け役となり、札幌のスープカレーブームが起こりました。

アメリカ留学中の2004年に始めたメルマガ（メールマガジン）「シカゴ発　映画の精神医学」は、最大読者数5万で、「まぐまぐメルマガ大賞2004」の総合第3位となり、現在でも発行が続いています。その後、「ビジネス心理学　精神科医が教える1億稼ぐ心理戦術」など複数のメルマガ発行を行い、現在までに、のべ2000通以上のメルマガを発行しています。

さらに、2009年に始めたTwitterのフォロワー数は13万人。そして、2010年に始めたFacebookでは、Facebookページ「精神科医　樺沢紫苑」でファン数（「いいね！」のクリック数）5万を超え、個人では最大規模のFacebookページ運営者として知られています。

こうしたインターネット・メディアを駆使して、精神医学、心理学の知識や情報をわかりやすく発信するのが、私の精神科医としての使命だと思っています。

これらのメディア数をトータルすると読者数30万人以上。10年以上、ほぼ毎日に近い状態で情報発信を続け、インターネットでのページ数にして数千ページにも及ぶ文章をインターネット上に書き続けてきたことになります。

Twitterでフォロワー数十万人を持つ人。Facebookのプロフェッショナル。圧倒的な影響力を持つアルファブロガー。1つのメディアにおいての専門家やプロはたくさんいますが、複数のメディアを横断的に利用し、さらに連携、連動させ、合計読者30万人を超える巨大な媒体規模で、10年以上という長期にわたり情報発信をしている人というのは、私の知る限り、日本人では私以外にはいないでしょう。

そういうわけで、インターネット・メディアに膨大なコンテンツを、ほぼ毎日、10年以上書き続けてきましたので、インターネット、特にソーシャルメディアでの「ライティング」テクニックには、特段のこだわりがあります。しかし、そのノウハウは、今まで誰にも明かさずにこっそりと隠していました。

ところが、最近では、少なくとも日本で2000万人以上もの人たちが、何らかのソーシャルメディアに取り組み、日々、記事を書き、日常の行動や自分の考えを投稿する時代になりました。そうした人たちのほとんどは、誰かからソーシャルメディア・ライティングを習ったわけではありません。やり方は全て我流です。

結果として不適切な書き込み、投稿が元になり、ネガティブな書き込みをされたり、ときに問題発言をして炎上を招いたり、激しいバッシングを受けて、心を傷つけられたりする人も、また相当な数、増えています。

ソーシャルメディア・ライティングの教科書が存在しない以上、それを学びたくても勉強のしようもありません。一方で、Facebookやmixiなどには、それぞれのメディア特有の暗黙のルールのようなものがあります。長く使っていればそうしたルールを自然と理解するものの、最初のうちは不適切な使い方をしてしまい、相手も自分も不愉快な思いをすることになってしまうのです。

そこで、ソーシャルメディアの初心者の方のために、あるいは、さらに伝わる文章を書き、ブランディングやビジネスにソーシャルメディアを活用したい中・上級者のために役立つ、ソーシャルメディア・ライティングの教科書が必要だと思いました。そして、私の10年以上のライティングの経験を生かせば、それを自分でお伝えできると考えたのです。

本書は、ライティングを超えたソーシャルメディアの教科書

「ソーシャルメディア・ライティング」といっても、単なる文章の「書き方」の本ではありません。国語的な文章の書き方を学びたいのであれば、書店に行けばそうした本はたくさん並んでいます。

また反対に、プロのライターや作家のような文章の上手な人たちが、ソーシャルメディア上に発信し、読者から圧倒的に支持される文章を書き、絶対的な人気を得ているかというと、必ずしもそうではないはずです。

「ソーシャルメディアに書く」というのは、「文章を書く」というよりも、「社会でお付き合いする」感覚に近いので、文章が上手なだけではうまくいきません。もちろん下手よりも上手なほうがいいでしょうが、**文章の質よりも「伝わる」ということや、読者の「共感を得る」ということが、ソーシャルメディアでは何倍も重要です。**

また、記事を書くだけではなく、「交流」することも、ソーシャルメディアの重要な構成要素です。「交流」も結局のところ文字で行うわけですから、ソーシャルメディア・ライティングに含まれてくるのです。

ソーシャルメディア上に暗黙の了解のように存在する、目に見えないマナーも難しい。何を書くと人が喜び、何を書くと人から反感を買ったり、バッシングの対象となるのか。

ソーシャルメディアを気持ちよく活用するためのルールともいえますが、そうした「ネット・リテラシー」についても、うまくまとめられた本がまだほとんどないため、本書ではインターネット上に書く上で、絶対に知っておきたい倫理的側面についても書き加えました。

本書は、ライティング・テクニックといっても、国語的な文章の書き方ではなく、「ソーシャルメディアに書く」上で、どんなことに気をつけて書くべきなのか、何を書くと読者に支持されるのか、というように、「どう書くか」だけではなく、「何を書くか」というコンセプトをも含めた書き方について説明した本になっています。

ブログ、mixi、Twitter、Facebookなど、ソーシャルメディアに何らかの文章を書いている人は、2000万人以上います。

そうしたソーシャルメディア・ユーザーにとっての教科書として、本書をみなさんに有効に利用していただき、人に迷惑をかけず、気持ちよく、そして楽しく、自己実現をしながら、ソーシャルメディアを使えるようになっていただけましたら、著者としてこれほどうれしいことはありません。

SNSの超プロが教える　ソーシャルメディア文章術　目次

第2章 「共感ライティング」で読者の感情をゆさぶる

第3章 「交流ライティング」で圧倒的にコミュニケーションを深める

第4章 「伝わるライティング」で読者にわかりやすく届ける

第5章 永久にネタ切れしないネタ収集術

第6章
「スピード・ライティング」で忙しくてもガンガン書ける

第7章 ソーシャルメディアのマナー ～やってはいけない10のこと

注 本書に掲載している各サービス、機能、数字などの情報は、全て本書が執筆された時点（２０１２年２月）のものです。ソーシャルメディアは日々、新機能が追加され、進化し続けていますので、ご留意ください。

装　　丁／萩原弦一郎（デジカル）
ＤＴＰ／onsight
編集協力／株式会社ぷれす
編　　集／黒川可奈子（サンマーク出版）

第1章

「書く」前に知っておくべきソーシャルメディアの7大原則

7大原則でソーシャルメディアをうまく使いこなす

ソーシャルメディアに「書く」ための基本知識を身につける

ソーシャルメディアのライティングについて具体的に学ぶ前に、ソーシャルメディアとは何か、ソーシャルメディアとはどんな特性を持っているのかについて、知っておく必要があるでしょう。それを知らないと、どんなに文章が上手でも、場違いなことを書いてしまうかもしれないからです。

ソーシャルメディアというのは、うまく使いこなせば、私たちに計り知れないメリットをもたらしてくれます。しかし一方で、そこに存在する暗黙のマナーやルールを無視した場合、否定的な書き込みをされたり、バッシングされたりして、精神的なダメージを受けることすらあるのです。

「ソーシャルメディアとは何か」を知らないでソーシャルメディアに書く行為は、交通ルールを知らないで車を運転するようなものです。ソーシャルメディアは1つの世界ですから、最低限のルール、約束というものがあります。まず、それを学びましょう。

ソーシャルメディアに「書く」ために絶対に必要な、ソーシャルメディアの基本知識を、しっかりと身につけてください。

ソーシャルメディアの定義とは？

そもそもソーシャルメディアとは何か、ソーシャルメディアの定義について、明らかにしておく必要があるでしょう。ソーシャルメディアの定義については、いろいろな議論があり、細かく話すと長くなってしまいますが、私は「ユーザー参加型のメディア」をソーシャルメディアと定義しています。ユーザー、すなわちインターネットにアクセスする1人1人が主体となり、コンテンツ（記事）を投稿、書き込むことによって構築されるメディアのことです。

具体的には、主なものとして「ブログ」「Twitter」「Facebook」。ユーザーが動画を投稿する「You Tube」や「ニコニコ動画」。ユーザーが飲食店についての感想を書き込む「食べログ」や、商品の感想を書き込む「価格.com」。さらに、ユーザーの投稿で作られる百科事典「Wikipedia」なども、ソーシャルメディアに含まれると考えます。

ソーシャルメディアの反対は、マスメディアです。

テレビ、ラジオ、新聞、雑誌など、大企業による一方的な情報発信の形態で、産業メディアとも呼ばれます。

テレビに出たい、本を出版したいと思っても、一般の方にはそう簡単な話ではありません。マスメディアでは、選ばれた人しか情報発信ができませんが、ソーシャルメディアでは、私たち1人1人がコンテンツを作り、情報発信ができるのです。

このソーシャルメディアのなかでも、特にユーザー間の交流に重点を置いたサービスが、SNS（ソーシャル・ネットワーキング・サービス）と呼ばれるもので、Facebook、Twitter、mixiなどが、その代表として知られます。

本書は、ソーシャルメディアのライティングについての本ですが、主にFacebook、Twitterなどのの SNS、ブログ、そしてメルマガをその「ライティング」の対象媒体として、説明を行っていきます。

メルマガに関しては、メルマガ発行者から読者への一方的な情報発信ですから、厳密な意味ではソーシャルメディアとはいえないかもしれません。しかし、メルマガの記事をブログで更新したり、Facebookにアップしたりするのは普通に行われていることで、そうした瞬間に、メルマガであっても、それはソーシャルメディア的な発信に変化します。つまり、メルマガにおいても、「ソーシャル」を意識したライティングが必要だということになります。

原則１ ソーシャルメディアは「社会」である

あなたは公園で裸になりますか？

ソーシャルメディアには、最低限のルール、約束があります。というと非常に窮屈なイメージを持つかもしれませんが、そのルールというのは、実はリアル社会（実社会）のルールと同じなのです。

ソーシャルメディアとは、不特定多数の人たちが集う場所です。自由に入ってきて出ていく、公的なスペースです。誰かがあなたのページを訪れ、あなたのコンテンツを読んでいく。そして、立ち去っていきます。

それは例えば、「図書館」のようなものです。誰でも図書館に行って、本を閲覧することができます。老若男女、職業も様々。いろいろな人が訪れては、去っていきます。

図書館で、大声で話す人はいませんね。そこには暗黙のルールがあって、みんなそれを守って、社会人として秩序ある行動をしています。

あるいは、「公園」をイメージしてもいいでしょう。いろいろな人がそこに自由に出入りし、おしゃべりをし、遊び、ホッとする時間を過ごし、去っていきます。

図書館でも公園でも、たくさんの人があなたの行動を見ています。ジロジロと見ているわけではないので、表立って誰かに見られているという感覚はないかもしれません。しかし、誰もいないと思って公園で真っ裸になれば、おそらく遠くから見ていた誰かに、通報されるでしょう。

不特定多数の人たちが集う場所であり、必ず誰かが見ている場所が、ソーシャルメディアなのです。

あなたは、公園で裸になったことはないですよね。公的な場所では、社会人として当然のルールを守る。それは、社会のルールとして当たり前のことです。

ソーシャルメディアというのは、インターネット上に存在していますが、たくさんの人が出入りし、たくさんの人が見ている「公的スペース」です。ですから、あなたが社会人として、外（現実の社会）で振る舞うのと同じように振る舞っていれば、おかしなトラブルに巻き込まれることはありません。

ソーシャルメディアでは、「社会人」として責任ある、節度ある振る舞いをする。それが基本であり、それが本質です。

「ソーシャル・スペース」と「パーソナル・スペース」の違いを理解する

ソーシャルメディアは、「公的スペース」です。しかしながら、「自分の家」と勘違いしている人が多く、それが多くのトラブルの原因となります。**「ソーシャル・スペース」と「パーソナル・スペース」、その区別をつけることが重要です。**

パーソナル・スペースである「自分の家」であれば、自分の知り合いではない人は入ってくることはありません。許可なく家に入ってくるのは不法侵入ですから。気心の知れた知人や友人しかいない「自分の家」だから、何を書いても、親しい友達にしか伝わらないから、大丈夫……。

Twitterで、自分の親しい友人10人だけしかフォローしていない。Facebookで、自分の親しい友人10人だけしか「友達」登録していない。そうした状態であっても、「非公開」の設定にしていない限りは、間違いなくそこは「ソーシャル・スペース」です。

Twitterのつぶやきは、フォロワーにならなくても、URLを入力すれば誰でも見ることができます。たまたま、私があなたのツイートを読んで、リツイートしたら、その瞬間に13万人のタイムラインに流れます。

私がFacebookであなたの投稿を「シェア」すれば、友達やフィード購読者、合わせて1万人近くの人に見られる可能性があるのです。

「ソーシャル・スペース」としてのソーシャルメディアだということを肝に銘ずる

一番わかりやすい例は、「なでしこジャパン」関連のTwitter騒動ではないでしょうか。2011年7月、サッカー女子ワールドカップで優勝した「なでしこジャパン」。凱旋《がいせん》帰国した直後、ある選手が参加した飲み会に同席した大学生が、Twitterでそのときの様子をつぶやきました。結局、それがたくさんの人にリツイートされ、テレビのワイドショーでも取り上げられる騒動となりました。

テレビやスポーツ紙でも取り上げられましたから、彼のツイートは数十万人、数百万人もの人に読まれることになりました。でも、その大学生はそれを想定してつぶやいたのでしょうか。これほどテレビやスポーツ紙を巻き込む大騒動になると予想していたのでしょうか。彼自身が、この騒動によってかなりのバッシングを受けましたから、本人にとっては全く予想外の反響だったに違いありません。

彼にとっては、Twitterは「自分の部屋」のようなもので、親しい友達と会話するためのツールだったはずです。しかし、その間違った認識が今回の騒動を招いたといえるでしょう。

ソーシャルメディアの特性さえ知っていれば、この大騒動は100%予想できたともいえます。ソーシャルメディアの特性を知らないと、こんな恐ろしいことが起きるのです。

ソーシャルメディアは「自分の家」ではありません。「ソーシャル・スペース」ですから、10人しか見ていないと思っても、10万人、１００万人に伝わる可能性があるのです。それが、「ソーシャル」という意味です。ですから、**数万人の人に読まれて困るような文章を、ソーシャルメディアに書いてはいけないのです。**

ソーシャルメディアは「自分の家」ではなく、「自分の家」の前に貼り紙をしているのと同じだと思ってください。そこを通る人は、全て、その貼り紙を読むことができます。「ソーシャルに書く」ということは、「社会的な責任がともなう」ことだともいえます。その社会的責任を負えない人は、ソーシャルメディアを使うべきではないでしょう。

「１０００人の前で話している」と意識しよう

「ソーシャルに書く」ことには、社会的な責任がともなう。そんなことをいわれると、怖くなってソーシャルメディアに気安く書き込むことができない、という人もいるでしょうが、そこまで戦々恐々とすることはありません。

あなたが会社員ならば、50人が参加する会議の席で、「A課長は、いつも面倒な仕事を自分に押し付けてくる」と、上司の不満を言うでしょうか？

あなたが大学生ならば、１００人の学生の前で発表する席で、「A教授の講義はつまらなくて眠たくなる」と、教授の悪口を言うでしょうか？

同僚や友人と居酒屋で酒の上での話をしているときは、上司や先生の悪口を言うこともあるかもしれませんが、リアルの「ソーシャル・スペース」においては、人の悪口を言ったり、誹謗《ひぼう》中傷をしたりすることは、まずないはずです。

つまり、リアルの生活においては、ほとんどの人は、「ソーシャル・スペース」と「パーソナル・スペース」の使い分けがきちんとできているのです。しかしそれが、インターネット上になってしまうと、どこで誰が見ているのかを認識しづらいせいもあって、「ソーシャル・スペース」と「パーソナル・スペース」の区別ができなくなってしまう。

結果として、TwitterやFacebookは「ソーシャル・スペース」であるにもかかわらず、「パーソナル・スペース」と勘違いし、不適切な書き込みをしてトラブルを呼び寄せてしまうのです。

ソーシャルメディアに書く場合は、「１０００人がいる講堂で話している」という心構えを持つことです。少なくとも、私はそのような気構えで書いています。そうすると、まず問題は起きません。

「これ、書いて大丈夫かな？」と思ったら、「１０００人を前にして、その内容を堂々と話せるだろうか」と自問自答してみましょう。

1000人を前にして、あなたは課長の悪口を言えますか？　言えませんし、絶対に言いません。その1000人のなかに、課長がいるかもしれないのです。

ソーシャルメディアは、リアル社会と連続しています。ソーシャルメディアは「パーソナル・スペース」ではない。

それをしっかりと理解し、1000人を前にしても恥ずかしくないことをソーシャルメディア上に書いていけば、問題に巻き込まれることはまずありません。

原則2　ソーシャルメディアは「ガラス張り」である

ソーシャルメディアは、あなたの人間的な長所をも「ガラス張り」で伝える

ソーシャルメディアの怖い部分から書き始めてしまったので、「ソーシャルメディアは怖い」というイメージを持った人もいるかもしれません。しかし、ソーシャルメディアは、悪い意味でも、良い意味でも、「ガラス張り」という特徴を持っています。

あなたが腹黒く、悪い人間であれば、それは「ガラス張り」で、多くの人に伝わってしまいます。しかし、あなたがある分野に関して非常に知識が豊かであるならば、それも多くの人に伝わるのです。あなたが朗らかで明るい人間性を持っているならば、それも多く

の人に伝わります。あなたが社会のためになる、人の役に立つビジネスをしているとするならば、それもまた多くの人に広がります。

ソーシャルメディアはガラス張りで、誤魔化しようがありません。それは、いい換えると、あなたの長所や人間的素晴らしさをも、ガラス張りにしてたくさんの人に伝えてくれる、ということでもあります。

これは、素晴らしいことではありませんか？　あなたは「自分の長所が他の人に理解されていない」「これだけ仕事で頑張っているのに、上司や会社に全く評価されない」「自分の人間的魅力が異性に理解されないから、彼女（彼氏）がいない」「家事や育児をこれほど頑張っているのに、夫からはねぎらいの言葉の1つもない」「せっかく人の役に立つサービス（商品）を持っているのに、お客様に理解されない」……といった不平不満を抱えていないでしょうか？

もしあなたが社会的に大成功しているのなら別として、ほとんどの人は、「自分は理解されていない」「自分は正当な評価を受けていない」という不全感を多かれ少なかれ持ちながら生きているはずです。

ソーシャルメディアを使えば、その「ガラス張り」という特性によって、あなたがどんな人間なのかを、たくさんの人に知ってもらうことができます。あなたの長所や得意分野を、ソーシャルメディアでいくらでも表現することができる。いうなればソーシャルメディアは「自己表現の場」であるのです。

ソーシャルメディアに書くことは「自己実現」である

「ソーシャルメディアに書く」ということは、自己表現を通して、自己実現をしていくということ。多くの人に自分が理解され、自分が認められていく、ということそのものなのです。

ソーシャルメディアは「ガラス張り」です。ソーシャルメディアでは、誤魔化しはきかない。ソーシャルメディアにマナー違反の書き込みをしたり、人の悪口を言ったり、誹謗中傷をしてあなたのネガティブな側面を晒《さら》し、たくさんの人からバッシングを受け、不幸になるのか。

それとも、人の役に立つ情報や心温まるコンテンツ、ポジティブな自分を表現することで、多くの人から共感のコメントを書き込んでもらい、たくさんの人とコミュニケーションを深め、幸せになるのか。

全て、あなたが「何を書くか」によって左右されるのです。

ソーシャルメディアは、いい換えると「無限の可能性を持った自己表現ツール」です。

あなたの自己表現を強烈にサポートし、あなたを幸せにするツールとしてソーシャルメディアを活用するためにも、ソーシャルメディアの「ガラス張り」という特徴を意識し、ポジティブな自分を表現していかなくてはいけません。

原則3 ソーシャルメディア・ユーザーの目的は「情報収集」と「交流」である

ユーザーがソーシャルメディアを使うたった2つの目的

ユーザーがソーシャルメディアを使う目的は何でしょうか。数百人からアンケートを集めたり、実際に100人以上のソーシャルメディア・ユーザーに直接インタビューをした結果、ソーシャルメディア・ユーザーは、たった2つの目的で使用していることがわかりました。それは、「情報収集」と「交流」です。実にシンプルです。細かくいえば何十個もあるかもしれません。しかし、大別すると「情報収集」と「交流」という2つのどちらかに分類されます。

例えば「ソーシャルゲーム」をする目的は、「情報収集」でも「交流」でもなさそうですが、無料でダウンロードできるゲームやゲーム系アプリが多数存在するなか、なぜ他のゲームではなく、ソーシャルメディアでゲームをするのでしょう。それは、ゲームを通じて「交流」を楽しむためです。友達と助け合ったり、競い合ったりしながらゲームを進めていくのが、ソーシャルゲームの特徴です。

まさにこれも、「交流」目的の利用ということになるのです。

なぜソーシャルメディアでは物が売れないのか?

ユーザーのソーシャルメディアの利用目的は「情報収集」と「交流」である。

つまり、重要なのは、「物を買う」という目的はない、ということです。例えば、「新しい財布が欲しい!」という人が、Facebookのニュースフィードをボーッと眺めるでしょうか。Twitterのタイムラインを見るでしょうか。

「財布　最安値」などとGoogleで検索するか、楽天の検索窓に「財布」と入力するか、あるいは価格比較サイトなどで、最安値の店を調べているはずです。ですから、ソーシャルメディアで何か物を売りつけようとしても、全くといっていいほど売れません。

ソーシャルメディア・ユーザーの目的を知っていれば、なぜ売れないのかはおわかりのはず。**「情報収集」と「交流」を目的としている人たちに商品を売り込もうとすると、売れないどころか、間違いなく嫌われます。**

こうした間違ったことを、本人は知ってか知らずか、ソーシャルメディア上で平気でやっている人がたくさんいます。会社であれば企業イメージを下げますし、個人でいえば、友達の反感を買ってしまいます。

「濃い情報発信」と「活発な交流」でソーシャルメディアの人気者になる

では逆に、ソーシャルメディア上で人気者になるには、どうしたらいいのでしょうか。

ソーシャルメディア・ユーザーの目的。これは、いい換えると「ニーズ」と同じです。「情報収集」と「交流」がニーズなのですから、役に立つ情報や濃い情報をたくさん発信し、きちんと心の込もった交流をする。

この2つをしっかり行うだけで、あなたはソーシャルメディア・ユーザーの人気を、100％つかむことができるのです。

「濃い情報発信」と「心の込もった活発な交流」。この2つを徹底的に行うだけで、あなたがソーシャルメディアで大成功することを保証します。

ライティングの際にも、その2つの目的を常に頭の中に入れておく。「良い情報を発信しているか」「きちんと交流しているか」。これを徹底して考え実行することが、ソーシャルメディア・ライティングの究極目標といってもいいでしょう。

原則4 ソーシャルメディアは最高のブランディング・ツールである

「ブランディング」とは「凄い」と思わせること

ソーシャルメディアをビジネスに使いたい。だから、物が売れないと困る。どうやってソーシャルメディアを使ったらいいんだ、という人もいるかもしれません。

物を売りたくてしょうがないという人は、正直、FacebookやTwitter向きではありません。ブログやメルマガ、自社サイトでは、売り込むほど商品は売れますが、FacebookやTwitter、特にFacebookでは、逆に売り込むほど商品は売れなくなります。

では、ソーシャルメディアをどのようにビジネスに使えばいいのでしょうか。それは、「ブランディング」目的で使うということです。

「ブランディング」という言葉をさりげなく使いましたが、ブランディングとはそもそも何なのでしょうか。

私は「ブランディング」とは、「凄《すご》い」と思わせることだと考えています。

「この人は凄い」「この商品は凄い」「この会社は凄い」……。こうしたポジティブな感情が先にあって、その人・商品・会社への「信頼」が生まれます。信頼はやがて、「この人が売っている物なら安心だ」「この会社の商品なら間違いないだろう」という安心につながり、それが結果として、「購入」につながります。

「ブランディング」↓「信頼」↓「購入」という流れができるのです。

「ソーシャル・ブランディング」における基本戦略を理解する

それでは、ソーシャルメディアでブランディングをしていくためには、どうすればいいのでしょうか。

ズバリ、「徹底した情報出し」に尽きます。

左の図は、ソーシャルメディアを使ったブランディングの方法をまとめたものです。

情報発信者としてあなたがするべきことは、徹底した情報出し。読者が「凄い」「おもしろい」「ためになる」と思うような、濃い情報、役に立つ情報を出しまくるのです。

すると、読者はあなたに対して「おもしろくてためになる情報をたくさん持っている人」「その分野の専門家」という認識を持ってくれるようになります。つまり、「この人、凄い」と思うようになります。

それこそが、ソーシャルメディアにおけるブランディングです。

濃い情報、有益な情報を出して、読者を喜ばせる。そうすると、あなたは読者から「凄

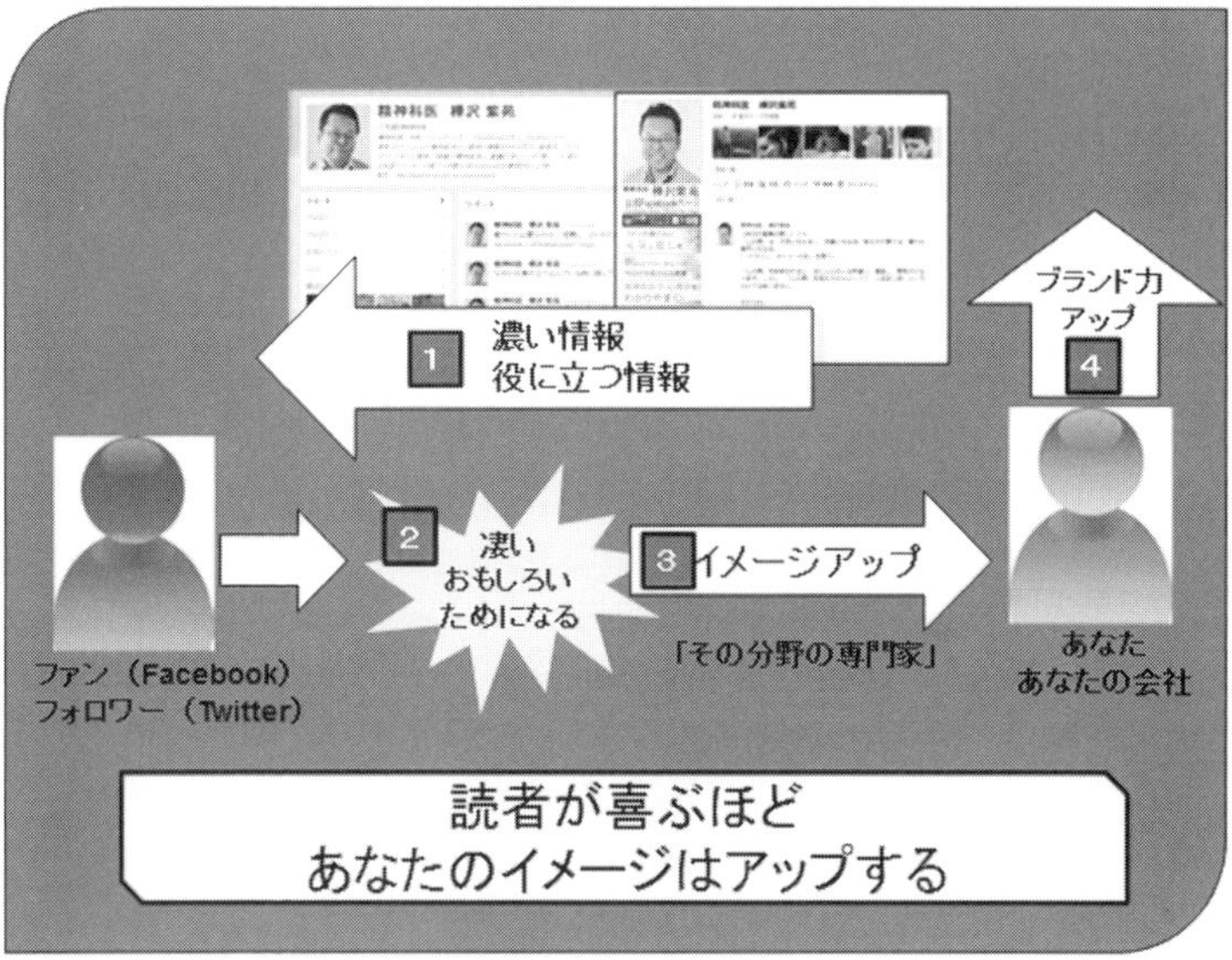

「ソーシャル・ブランディング」の概念図

い人」だと思われ、あなた（あなたの会社）のイメージはアップします。それが、ブランド力のアップにつながります。

Facebookにおける「ウォール・ブランディング」

ソーシャルメディアにおけるブランディングは、そこに何を投稿するかによって決まってしまう、といっても過言ではないでしょう。

笑いのあるおもしろい投稿をすれば、「おもしろい人」だと思われ、つまらない投稿ばかりだと、「つまらない人」だと思われる。専門性のある投稿をしていると、「専門家」

だと思われるのです。

つまり、**「何を投稿するか」によって、ソーシャルメディアでの成功・失敗が全て決まってしまうのです。**Facebookの場合は、ウォールと呼ばれる掲示板風の投稿スペースに何を投稿するかによって全てが決まります。

どんなウォールを作るのかはあなたの自由ですが、重要なのはその内容によって、あなたの「人間性」が判断されてしまう、ということです。**「あなたがどんな人なのか」という「人となり」、それが日々の投稿によって表現されていきます。**

そして、ウォール投稿の内容によって、人から「凄い」と思われれば、それはあなたのブランディングに役立ちます。あなたの専門性に「凄い」と思う人がいれば、仕事を依頼してくるでしょう。それが「ウォール・ブランディング」です。

パーソナル・ブランディング時代に突入する！

ビジネスをしていないので「ブランディング」は関係ありません、という人もいるでしょう。しかし、ビジネス目的でないユーザーにとっても、これからは「ブランディング」が間違いなく必要になってきます。

例えばアメリカの場合、多くの企業が、ソーシャルメディアを「求人」に利用しており、約20％の採用担当者は、採用する前に、採用しようとする人物のＳＮＳをチェックするといいます。ＳＮＳへの日頃の書き込みを見れば、その人の「人となり」が見事に表れるからです。

日本でも数年以内には、「採用」「就職」にソーシャルメディアがなくてはならない時代に突入するでしょう。そして、ソーシャルメディアに書かれた内容で、あなたの「人間性」が判断され、就職できるかどうかに影響を及ぼすかもしれません。

あるいは、アメリカでは気になる異性を発見した場合、名前がわかればその人のFacebookをすぐにチェックするそうです。アメリカで結婚したカップルの8組に1組はソーシャルメディアで出会った、というデータもあります。Facebookを見て、異性から魅力的な人間かどうかを判断される。つまり、「ウォール・ブランディング」ができている人はモテモテになり、できていない人間は敬遠され、彼（彼女）もできない。

ソーシャルメディアが、プライベートな生活にも大きな影響を与える時代に、日本もすぐに突入するはずです。

企業のみならず、個人もブランディングが必要となる、つまり「パーソナル・ブランディング」が不可欠な時代が必ずやってきます。そうなる前に、きちんとした中身のある投稿を、ソーシャルメディアにしておくべきでしょう。

原則5　ソーシャルメディアで最も重要な感情は「共感」である

ソーシャルメディアで必要なのは、上手な文章ではない

「ソーシャルメディアを使って情報発信をしましょう」と提案すると、「私は文章が下手なので、できません」と反論する方が必ずいらっしゃいます。文章がうまくないとソーシャルメディアに文章を書くことができない……。もっともらしい理由に聞こえますが、これは間違いです。

なぜならば、ソーシャルメディアのユーザーは、ソーシャルメディア上の文章に「上手さ」を求めていないから。

ソーシャルメディア・ユーザーの目的は、前述のように「情報収集」と「交流」です。「上手な文章を読む」という目的は、そこには存在しないのです。

また、ソーシャルメディア上で人気のある発信者の文章が上手かといえば、必ずしもそうではありません。

あなたがもしプロの小説家になろうとするのなら、「上手な文章」が書けることは大切です。小説を読む人は、「上手な文章」「美しい文章」を期待しているでしょうから、書き

手のあなたの文章は上手でなければいけません。

人間は「共感」したときに心が動く

では、ソーシャルメディアのユーザーは、ソーシャルメディア上の文章に何を望んでいるのでしょうか。それを一言でいうと、「共感」です。

「情報収集」とはいっても、ソーシャルメディアのユーザーは、テレビのニュース番組のような、誰にでも必要な情報を知りたくて、ソーシャルメディアを見ているわけではありません。自分が欲しい情報、自分の興味にマッチした、専門性の高い情報。逆にいえば、テレビ、新聞、雑誌には取り上げられていないような情報が、ソーシャルメディアでは手に入るので、そうした情報を求めてソーシャルメディアで「情報収集」をしているのです。

そして、自分が望んでいる情報を見つけたときに、「自分の知りたかったのは、これだ！」と思うのです。「ちょうど今、これが知りたかった」という情報を、Facebook のニュースフィードや Twitter のタイムラインに見つけたときは、うれしい気持ちになります。心が動くのです。

その心を動かす原動力となるのが、「共感」です。

情報発信者は、これは読者に役立つだろうと発信し、実際に読者は「これだ！」と情報

に飛びつく。情報発信者と読者を結びつけるのが「共感」です。

「共感」とは、共に同じものを感じる感覚です。情報発信者と受信者が、共に同じ情報に「重要性」「稀少性《きしょう》」「必要性」「おもしろさ」などを感じたわけですから、情報が発信され読まれる瞬間に、「共感」が生まれるのです。

「共感」を得るための「交流」がある

ソーシャルメディアでの「交流」にも、「共感」は不可欠です。人は、自分と全く共通点のない人間と、交流したいとは思わないものです。自分の興味と相手の興味が全く食い違っていたら、ただ話がすれ違うだけですから、共通の話題、共通の興味、共通の関心を持っている人と交流するほうが楽しいのです。

「その意見には、全く同意できません」「私はそう思いません」「あなたの考えは間違っています」といった、反論ばかりを書き込む人に対して、あなたは好意を持つでしょうか？間違いなく持たないでしょう。むしろ、反発を覚えたり、嫌悪感すら抱くはずです。つまりそれは、「共感」ではなく、「反感」です。

Facebookは、「共通の友達」を持つ人の投稿を優先的に表示したり、よく「いいね！」をクリックしたりコメントを書き込み合ったりしているユーザー同士の投稿を表示しやすくするなど、「親密度」という数値処理を行い、自分と親密度の高い人をニュースフィードでより上位に表示するという仕組みになっているのです。

つまり、共通性のある人同士を、より結びつけるような仕組みによって、「共感」が発生しやすくなっています。

ソーシャルメディアで最も重要な感情は、「共感」です。

ですから、**ソーシャルメディアで歓迎される文章とは、「上手な文章」ではなく、「共感を呼ぶ文章」です。**共感を呼ぶ文章を毎日発信している人は、ソーシャルメディアで人気者になります。上手な文章であっても、共感を呼べなければ、それはソーシャルメディア上では、あまり価値のない文章ということになってしまいます。

ですから、あなたが目指すべきは、「上手な文章」ではなく、「共感を呼ぶ文章」なのです。今、文章が下手であっても卑下する必要は全くないのです。

ただ、「共感を呼ぶ文章」というのは、簡単に書けるものではありません。ちょっとしたコツが必要なのです。共感を呼ぶ文章の書き方、「共感ライティング」については、第2章で詳しく説明したいと思います。

原則6　ソーシャルメディアは「拡散力」が凄い

ソーシャルメディアに何を書くかで全てが決まる

ソーシャルメディアには、良い意味でも悪い意味でも、猛烈な速さで口コミ情報が拡散するという特徴があります。

自分が信頼できる人間である。自社が信頼できる企業である。こうしたポジティブな情報が爆発的に拡散したとするならば、こんなに喜ばしいことはありません。結果としてそれがビジネスに結びつき、たくさんの仕事の依頼が殺到した、会社の年商が2倍になったということが、現実に起こっています。

一方で、「この人は、いつも人の悪口ばかりを書いている」とか「この会社は儲《もう》け主義で顧客のことを全く考えていない」といった、悪い噂《うわさ》がインターネット上に拡散する危険性もあるのです。そうなったら、たまったものではありません。

つまり、ソーシャルメディアは両刃《もろは》の剣です。適切に利用すれば、人間的な信頼やビジネスでの成功という計り知れない利益をもたらし、不適切に利用すれば、計り知れないほどの精神的な苦痛や、大幅減収につながるようなダメージをもたらすかもしれません。

ソーシャルメディアの拡散力は凄《すさ》まじい。個人が、瞬時に、１００万人に伝える力を持つことができる。一昔前ではありえない話です。その拡散力をうまく使いこなすためには、ソーシャルメディアに何を書くかということが全てです。そのためには、ソーシャルメディア・ライティングを知らないといけません。

経験的に身につけることもできますが、それには半年、1年という時間がかかり、何回もの苦い失敗体験を重ねることになるでしょう。最短距離で、ソーシャルメディアを使いこなせるようになるためにも、次章から具体的に説明していく、ソーシャルメディアのライティング・テクニックを学び、実行していただきたいと思います。

原則7 ソーシャルメディアに書く目的は「信頼」を得ることである

全ての目的は、「信頼」獲得に通じる

あなたがソーシャルメディアに文章を書く目的は何でしょうか？ あなたがブログを運営する目的、Facebook や Twitter に投稿する目的は何でしょうか？ この質問に即答できる方は少ないかもしれません。

何となく流行しているからソーシャルメディアを始めてみた。友達がやっているから。

ビジネスに役立つと聞いたから。そんな理由は語れると思いますが、それは「ソーシャルメディアに文章を書く目的」ではありません。

人によって最終的なゴールはあるものの、「ソーシャルメディアに書く」ということは、「自分のイメージや評価をアップさせる」ということであり、広い意味でのブランディングを行っているということになります。

Facebookを使って、人脈を広げたい。友達を増やしたい、彼女や、彼氏を見つけたい、という場合。適切に使えばあなたの「良いイメージ」が相手に伝わって、人脈は広がり、友達は増え、そうしたなかから彼女（彼）が見つかるかもしれません。

しかし一方で、「最低の人間だ」と思われてしまっては、誰もあなたの友達にはなってくれません。

つまり、「自己イメージのアップ」＝「ブランディング」なしには、友達も増えないし、人脈も広がらないのです。

Facebookをビジネスに利用したいという場合も同じです。「この会社は信頼できる会社だ」「この会社は親しみやすい会社だ」という信頼感がFacebookを通して生まれるから、その店で購入しようというモチベーションにつながります。

「会社イメージのアップ」＝「ブランディング」なしには、ソーシャルメディアをビジネスに利用することはできません。

いずれにせよ、個人でもビジネスでも、ソーシャルメディアに書く目的は、究極的には「ブランディング」ということになります。「ブランディング」という言葉がわかりにくければ、「自己表現によるイメージアップ」「コミュニケーションの深化と人間関係の醸成」「会社の信頼度アップ」でもいいでしょう。それらは、全て広い意味でのブランディングです。

では、そうした「広義のブランディング」を達成するための方法論を、まとめておきましょう。

それは、「良い情報」をわかりやすく発信し、「共感」を得る。読者と密に「交流」しコミュニケーションを深め、信頼を獲得する。そのために伝わるように「書く」ということ。

したがって、ソーシャルメディアで信頼を得るために、あなたに必要なライティングスキルは、

- **共感を得て読者の感情をゆさぶる「共感ライティング」**
- **圧倒的にコミュニケーションを深める「交流ライティング」**
- **読者にわかりやすく届ける「伝わるライティング」**

ということになります。

ソーシャルメディアに有益な情報をたくさん書きましょう、といっても1日の時間は有限です。あなたは既に自分の本職で手一杯で、ソーシャルメディアやそれに書くためのネタ集めに十分な時間を費やす余裕はあまりないはずです。つまり、できるだけ効率化し、スピーディーにこなしていかなくてはいけません。

ですから、**情報を効率的に集め、ネタ切れに陥らないための「永久にネタ切れしないネタ収集術」や、ライティングを効率化して、それにかける時間そのものを短縮し、ライティングを加速する「スピード・ライティング」も必要になってきます。**

ソーシャルメディアに文章を書くことで、「信頼」が得られる。その「信頼」は、あなたの人間関係を豊かにし、ビジネスにもプラスになる。

そうした信頼を獲得するために絶対に不可欠な、ソーシャルメディア・ライティングの具体的な方法を、次章より詳しく解説していきたいと思います。

第2章

「共感ライティング」で読者の感情をゆさぶる

ソーシャルメディアで「共感」を得る

基本の「共感ライティング」を押さえよう

ソーシャルメディアで最も重要な感情は「共感」。

だから、「共感」を呼ぶライティング、「共感ライティング」が、ソーシャルメディアに書くための基本となります。

「共感」と言葉でいうのは簡単ですが、実際に共感を得るのは、なかなか難しいことです。

具体的にソーシャルメディア上にどんな記事を、どのように書けば「共感」が得られるのでしょう。その具体的な方法について、お話しします。

「共通話題」で親密度を高める～「共感ライティング」

人は自分と「共通性」のある人に好意を持つ

共感を呼ぶために必要なものは何か。それは、「共通性」です。

心理学に「類似性の法則」というものがあります。これは、「人は自分と共通性のある人に好意を持つ傾向がある」という法則です。

例えば、北海道出身の人が初対面の人と会い、その人も北海道出身だとわかったとしたら、「えっ、私も北海道なんですよ！」と話が盛り上がります。出身地が同じだというだけで、強い親近感を持ちますね。出身大学まで同じだったりすると、さらに話は盛り上がるはずです。

また、映画を趣味にしている人は、「映画が好き」という人と出会うと、すぐに映画の話で盛り上がって仲良くなれます。あるいは「カレー好き」が、「カレー好き」と出会うと、カレー談義に花が咲きます。

人は、自分と共通性のある人に対して、好意を抱くのです。正確にいえば、「共通点」「共通話題」があって「共感」が生まれます。共感とは、「同じ感覚を共有する」ということ。「共感」することが、心の距離を縮めることにつながり、結果的にその人に対して好意が生まれます。

ですから、ライティングにおいても、**自分と読者との「共通性」、自分と、そして読者の多くが今興味を持っている「共通話題」を意識して書くと、読者に親近感を持ってもらいやすくなります。**

「私もそう思う」「私もそう考える」「私もやっている」「私も見た」といった反応を引き出すことができれば、それが「共感」につながるのです。

「共感」は、ソーシャルメディア上で、次なるアクションを引き起こします。例えば、Twitterにおいては、自分と「共通点」のある人や「共通話題」をつぶやいている人をフォローする傾向があります。「共通話題」のつぶやきは、「私もそう思う」「おもしろい」といった共感を引き起こし、その瞬間にリプライをしたり、リツイートしたりするのです。あるいは、Facebookの記事を読んで「私もそう思う」と思ってもらえたなら、「いいね！」がクリックされ、コメントが記入され、さらにその記事がシェアされるかもしれません。

「共通話題」＋「オリジナリティ」＝「最強」という公式を理解する

「共通性」「共通話題」を意識すると、共感が生まれる。そして、Facebookなら、「いいね！」のクリックやコメント、シェアなどの次なる反応が生まれる。その具体例を見ていきましょう。

２０１１年の１年間を通して、私は３００以上の記事をFacebookページ「精神科医樺沢紫苑」に投稿しました。そのうち最も「いいね！」がクリックされた記事を調べてみました。その第1位が、左の図の記事です。

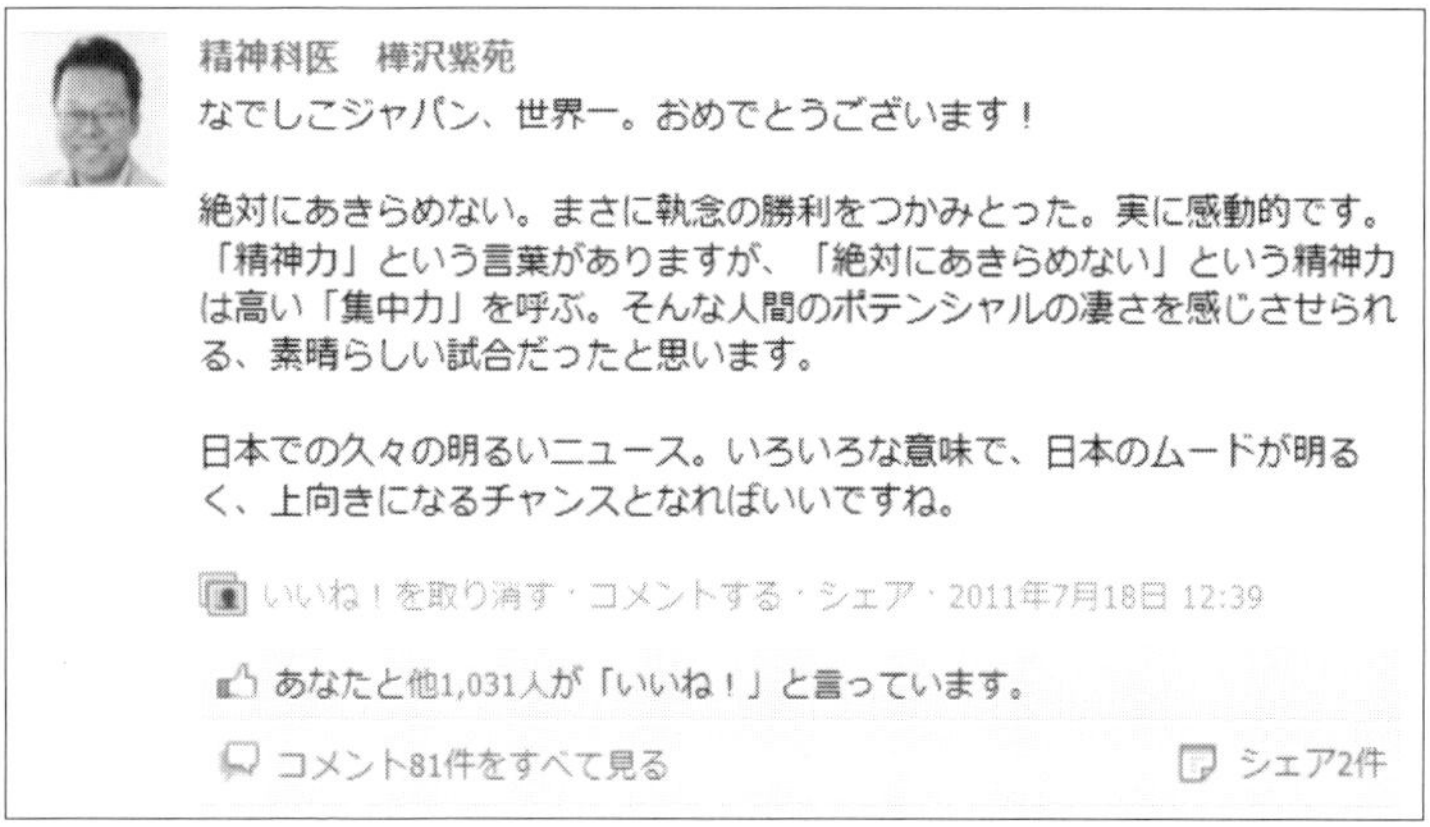
精神科医　樺沢紫苑
なでしこジャパン、世界一。おめでとうございます！
絶対にあきらめない。まさに執念の勝利をつかみとった。実に感動的です。「精神力」という言葉がありますが、「絶対にあきらめない」という精神力は高い「集中力」を呼ぶ。そんな人間のポテンシャルの凄さを感じさせられる、素晴らしい試合だったと思います。
日本での久々の明るいニュース。いろいろな意味で、日本のムードが明るく、上向きになるチャンスとなればいいですね。
いいね！を取り消す・コメントする・シェア・2011年7月18日 12:39
あなたと他1,031人が「いいね！」と言っています。
コメント81件をすべて見る
シェア2件

「いいね！」が最も多かった記事

やはりといえばやはりという感じもしますが、「なでしこジャパン」に関する記事でした。

「なでしこジャパン」のワールドカップでの優勝は、東日本大震災で落ち込んだ日本に勇気を与えてくれました。この記事は、その「なでしこジャパン」が、優勝を決めたその日に書いたものです。

みなさん、朝起きてニュースで「なでしこジャパン」の優勝を知り、「なでしこジャパン万歳！」と叫びたくなるような心境だったはず。そのときに投稿した記事がこれです。「なでしこジャパン」が優勝した当日の、「なでしこジャパン」の記事。これは、最強の「共通話題」といえます。

では、あなたも「なでしこジャパン」が優勝した日に、「なでしこジャパン」の記事を書いていれば、数百の「いいね！」をもらうことができたでしょうか。おそらく、そうはいかなかったでしょう。

Facebookの日本人アクティブユーザーの多く、おそらくは10万人以上が、この日は、「なでしこジャパン」優勝の記事を書いたと思います。しかし、その大部分の記事は、100の「いいね！」も得られなかったでしょう。

「共通話題」を書いているのに、なぜ反応がないのか。それは、当日のニュースフィードを見ればわかるはずです。

「なでしこジャパン優勝おめでとう！」
「なでしこジャパン、大逆転劇に感動しました！」
「なでしこの優勝に、本当に励まされました」
「なでしこは、日本の誇り」

このように、「なでしこジャパン」の優勝を喜び、感動を表現する投稿は山ほどありました。いい換えると、全く差別化する点がないため、完全に埋もれてしまったということです。

私の記事では、逆転劇の理由を「精神力」に導かれた「集中力」である、と分析しました。たった数行ではありますが、精神科医としての分析を加えています。ここが「オリジナリティ」（自分らしさ）であり、他の投稿との決定的な差別化につながっているのです。

つまり、**「共通話題」に「オリジナリティ」を加えるというのが、重要なのです。**

例えば、ラーメンが大好きな人は多いですね。では、全てのラーメン屋が繁盛しているのか、というとそんなことはない。1時間待ちの行列店もあれば、ガラガラのラーメン屋も存在します。その違いは、何なのでしょうか。

それは、「オリジナリティ」です。ラーメンという「共通嗜好《しこう》」に、「オリジナリティ」を加えて、他の店にはない「何か」を持つことができた店だけが、行列店になっているはずです。「スープが濃厚でこってりとした深みがある」とか、「コシの強い極太麺がスープにマッチしている」といった、他店にはないオリジナリティ。みんなラーメンが好きだからといって、「平凡なラーメン」「どこにでもありそうな味のラーメン」では、全然人気が出ないのです。

これと全く同じことが、ライティングにもいえます。

「共通話題」＋「オリジナリティ」＝「最強」という公式が成立します。

誰もが知っている、あるいは誰もが関心のあるホットな「共通話題」を取り上げ、そこに自分らしいオリジナリティを少しだけ加えると「共感」を呼ぶ。これが、「共感ライティング」の極意といえるのではないでしょうか。

読者の共感を拡大再生産する ～「フィードバック・ライティング」

読者の共感は「反応率」で測定することができる

では、読者の共感が得られたかどうかは、どうやってわかるのでしょう。それを知る方法があるのでしょうか。あります。それは、「反応率」を調べることです。

読者が共感したかどうかは、「反応率」によって推測することができます。反応率というのは、その記事を読んだことによって、何らかの反応（実際にはクリックなどの行動）を起こした人の割合です。

メルマガ、ブログであれば記事中に入れたURLのクリック率を調べることで反応率がわかります。Twitterでもクリック率を簡単に調べられますし、何人がリツイートしたかも、重要な指標です。Facebookの場合は、「いいね！」がクリックされた数、コメントの数やシェアの数で、反応率を調べることができます。

また、Facebookでは、「いいね！」→「コメント」→「シェア」の順番で、より共感度が高まったと考えることができます。「いいね！」をもらうよりも、コメントをしてもらったほうがいいし、できればシェアをたくさんしてもらうのが一番いいわけです。

「いいね！」のクリック数が少ない記事には、読者は共感していないのか、というとそうとは限りません。「いいね！」をクリックしていない人のなかにも共感した人がいるかもしれませんが、それほど多くはないはずです。

反応率は共感されたかどうかを調べる絶対的な指標ではありませんが、非常に重要な、参考とすべき1つの指標といえるでしょう。

反応率をフィードバックしてより反応を高める

記事を書いたら、その記事に対してどれだけの反応があったのか、反応率を必ず調べるクセをつけてください。今回の記事は、反応率が高かったのか、それとも低かったのか。必ず確認し、反応率が高ければうまくいった理由を、そして反応率が低いときは読者が反応しなかった理由を考えてください。

毎回、記事ごとにきちんと調べていくことで、自分の書いた記事のなかで、どのような記事が読者におもしろがられているのか、どのような記事が歓迎されているのか、その「傾向」が見えてきます。

そうした反応率をフィードバックして、次の記事に反映させていく。これが、「フィードバック・ライティング」です。

反応率はアベレージと比較する

反応率は何%以上が高く、何%以下なら低い、ということは一概にはいえません。また、読者数が多くなればなるほど反応率は低下するのが一般的です。ですから、反応率に絶対的な指標はないのです。

では、自分の媒体における反応率が高いのか、低いのか、どのように判断すればいいのでしょうか。それには、**毎日反応率を計測して、アベレージ（平均値）を算出しておくことです。その平均値と比べて、今日の記事の反応率が高いのか、低いのかを判定すればいいのです。**

面倒だと思うかもしれませんが、慣れれば簡単です。例えば、Facebookの場合、最近10回の投稿記事に付いた「いいね！」のクリック数を合計してください。そして、それを10で割ってください。それが、あなたの平均の「いいね！」のクリック数です。それを、友達数、またはファン数で割ったものが、反応率となります。あなたの平均の「いいね！」のクリック数が30だった場合、その日の記事で、「いいね！」が50回クリックされたならば、それは非常に反応率が高い、といえます。あるいは、「いいね！」が10回しかクリックされなければ、それは読者が「つまらない」と思っている証拠です。

平均反応率（反応数）がわかってしまえば、あとは比較するのは簡単です。

「反応率」といっていますが、分母(読者数)は、ふつう1日で100人も増減することはありませんから、「反応数」だけを見ておけばいいでしょう。Twitter、メルマガ、ブログなどでクリック率を調べる場合には、「クリック数」をもって反応率と考えていいでしょう。

最近10回の平均クリック数を調べておく。その数字よりも、多いか、少ないかを見れば十分です。

反応率に読者の「ニーズ」が見えてくる

毎日投稿する1つ1つの記事で、きちんと反応率を調べていくと、反応率が高い記事と、反応率が低い記事が存在することがわかります。反応率が高い記事は、読者に歓迎されている記事であり、読者がおもしろいと思っている記事です。一方、反応率が低い記事は、読者がつまらないと思っている記事で、あまり歓迎されていない記事といってもいい。

そして、毎日投稿を続けていると、反応率の高い記事の特徴、反応率の低い記事の特徴がわかってきます。飛び抜けて高い反応率が出た記事があったならば、その内容に類似した記事を書いてみましょう。やはり、高い反応率が出るはずです。

ソーシャルメディアの場合、売り込みや広告めいた記事は、途端に反応率が下がってしまいます。読者は売り込みや広告を歓迎していないのですから、そうした投稿はほどほどにしておかないと、読者の気持ちが離れてしまいます。

反応率を調べることで、読者のニーズというものが見えてくるのです。どんな記事を読みたいのか、あなたに、どんなコンテンツを書いて欲しいのか。「反応率」という数字のなかに、読者が語りかけている「ニーズ」があるのです。

その読者ニーズにマッチした記事を書くと、読者は「共感」します。心の底から「おもしろい」「ためになる」「凄《すご》い」と思ってくれます。

そうしたニーズにマッチした記事をさらに増やしていくと、読者はさらに「共感」を強め、あなたの熱心なファンへと変わります。つまり、「フィードバック・ライティング」によって、「共感」の拡大再生産が引き起こされるのです。

反応率が高くなると、モチベーションが上がる

こうした、読者の反応を意識した「フィードバック・ライティング」を毎日、続けてください。少しずつではありますが、日々の反応率が高まっていきます。Facebookでいうならば、「いいね！」の数が増え、コメントやシェアの数も増えるはずです。

たかが数字の増減だと思うかもしれませんが、「いいね！」の数の新記録を更新すると、

非常にハッピーな気分になります。**反応率は、読者のアクションそのもので、読者の気持ちを反映しています。それは、あなたへの「応援」なのです。「いいね！」のクリックは拍手であり、「コメント」はファンレター、「シェア」は推薦状のようなものです。**

ですから、高い反応率が出ると、ソーシャルメディアを頑張って続けようというモチベーションがアップします。もっと、おもしろい記事を書こう。もっと、反応率の高い記事を書こう。もっと、読者を喜ばせよう。そして、どういう記事を書けば、反応率を高くできるのか、周到に研究し始めるはずです。

そうなってくると、ソーシャルメディアに書くということが楽しくてしょうがなくなります。毎日、無理せず書けるようになる。そうなれば、しめたものです。

反応率を測定しない、あるいは反応率を注意して見ていないと、自分の記事が読者に喜ばれているのかどうか全くわかりません。モチベーションは次第に下がっていき、いつしか書くことをやめてしまうでしょう。

Facebook の反応率測定法

Facebook の場合、記事ごとに、「いいね！」の数、コメント件数、シェアの件数が何もしなくても自動で表示されるので非常に便利です。しかし、最近書いた記事のなかで一番反応率が高い記事を探す場合は、最近の記事をいちいちさかのぼって調べるというのも不便です。

そんなときは、「インサイト」という機能を使います。「インサイト」は、Facebook ページでの反応率を調べる機能です。

残念ながら、個人ページ（注　公式の用語ではありませんが、本書では自分の個人アカウントで管理するページをFacebook ページに対して「個人ページ」として説明します）では「インサイト」を見ることはできません。

Facebook ページのメニューから、「インサイト」のページを開いてください。

左の図のようなグラフが表示されます。

「インサイト」のページでは、投稿した各記事の「リーチ」「アクションを実行したユーザー」「話題にしている人」「クチコミ度」の4つの指標を調べることができます。

「リーチ」とは、投稿を見た人のユニーク数です。

「アクションを実行したユーザー」は、投稿をクリックした人のユニーク数。「いいね！」のクリック以外にも、写真閲覧や動画再生のためのクリックや、リンク先を見るためのクリックなど、全てのクリックが含まれます。

「話題にしている人」とは、ページの投稿から記事を作成した人のユニーク数です。「い

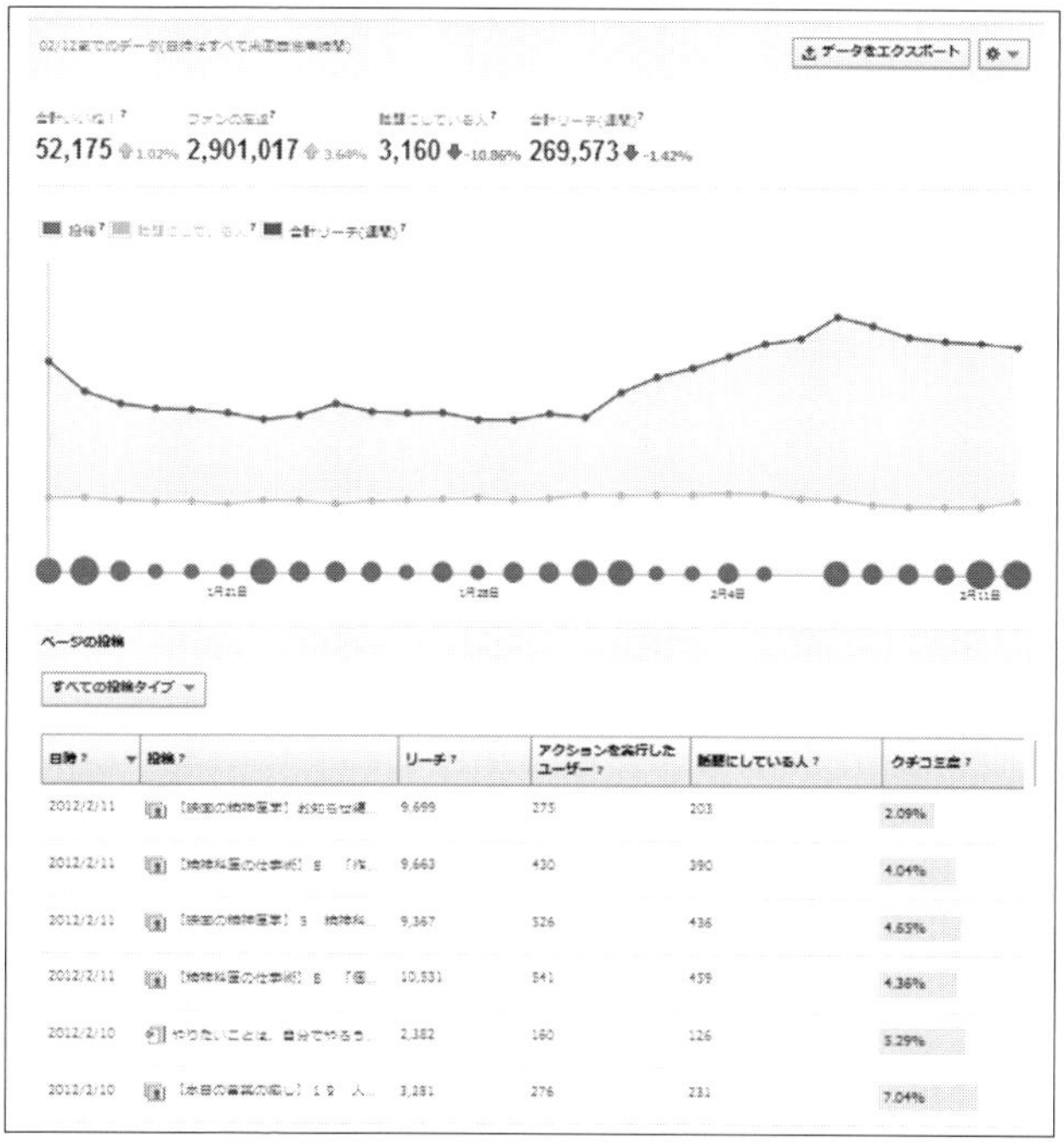

「インサイト」で反応率を調べる

いいね！」やコメント、シェアによって記事作成が行われますから、「いいね！」、コメント、シェアなどの総数とほぼ同じ意味です。

「クチコミ度」とは、「話題にしている人」を「リーチ」で割った数字。記事を見た人に対する、「いいね！」、コメント、シェアなどの反応を起こした人の割合で、これがまさに「反応率」ということになります。

「インサイト」のページでは最初は、ここ数十日の全ての投稿が、投稿順に並んでいます。そこで、「クチコミ度」のところをクリックしてください。「クチコミ度」の高い順番に並び替えられます。再度クリックすると、「クチコミ度」の低い順番に並び替えられます。つまり、ここ数十日に投稿した記事で、反応率の高い記事が、一瞬でわかるのです。

クチコミ度の高い記事を順にクリックして、どんな内容を書いたのかをチェックし、なぜ高い反応率が出たのかをよく考えてみましょう。

Twitterの反応率測定法

Twitterで反応率を調べる場合、Facebookのインサイトのような便利な機能はありません。そこで、外部サイトのサービスを利用することになります。TwitterでURLをつぶやく場合、そのURLをbitlyというサイトで、短縮URLに変換しましょう。

＊bitly　https://bitly.com

このサイトにアクセスし、トップの青いウインドウに短縮したい元のURLをペーストすれば、http://t.co/ipyVO5P0のような短いURLに自動的に変換できます。あとは、この短縮URLをコピペ（コピー&ペースト）して、Twitterでつぶやけばいいのです。

bitlyで短縮URLを作成すると、自動的にクリック計測が始まります。時間経過とともに、リアルタイムでグラフ化して表示されますので、投稿して何分で何人がクリックしたのかもわかります。また、何人がリツイートしたかもわかります。
bitly で短縮ＵＲＬを入れてつぶやくだけで、反応率が自動的に測定されるのです。

ブログの反応率測定法

ブログの場合は、ほとんどのサービスで「アクセス解析」機能が使えるはずです。「アクセス解析」の結果を見れば、投稿記事ごとの総アクセスだけではなく、投稿した後のアクセス推移、アクセスがどこから来たのか、などを調べることができます。

また、ブログ内でＵＲＬを紹介する場合、先述の bitly を使って短縮ＵＲＬを記事内に埋め込んでおけば、記事を見た人の数だけではなく、ＵＲＬをクリックした人、すなわち、アクションを起こした人の反応率を調べることができます。

メルマガの反応率測定法

メルマガの場合も、クリック計測によって、反応率を調べます。bitly のような無料のサービスで計測することもできますが、より多機能のクリック計測ソフトも販売されています。私は有料のソフトで管理しています。

ブログやメルマガで何か商品を販売したい、あるいは、販売サイトへ誘導したいという場合は、必ずクリック計測を挟んでから、アクセスを誘導してください。何人がクリックし、何人が購入したかがわからないと、ビジネスの戦略を全く立てられなくなってしまいます。

「共通話題」と「専門話題」の違いを明確にする

「共通話題」とはどんな話題か押さえよう

「共通話題」というのは、朝の挨拶の後の会話や、初対面の人との間で語られる、「雑談」のようなものです。雑談では、誰もが興味を持ちやすく、誰でも話に入り込みやすい話題を選択しているはずです。

雑談の話題として取り上げやすい話は、次のようにその頭文字を取って**「キドニタチカケシ衣食住（木戸に立ち掛けし衣食住）」**という言葉で、まとめられています。

キ：気候
ド：道楽（趣味・テレビ・映画・スポーツ）

ニ：ニュース
タ：旅
チ：知人
カ：家族
ケ：健康
シ：仕事
衣：ファッション
食：グルメ
住：家、住まい

（『あたりまえだけどなかなかできない　雑談のルール』〔松橋良紀著・明日香出版社〕より引用）

雑談として誰と話しても盛り上がる話題。これこそが、「共通話題」の基本です。Facebookの個人ページでの投稿で多いのは、「青空」「美しい景色」「ランチやディナーの写真」「友達と一緒に撮った写真」などです。これを「キドニタチカケシ衣食住」に当てはめると、「青空」は「気候」であり、「美しい景色」は旅先で撮った写真であったりすることから「旅」に当たり、「ランチやディナーの写真」は「食」であり、「友達と一緒に撮った写真」は「知人」に相当するでしょう。

Facebook の個人ページでは、こうした多くの人が反応しやすい「共通話題」に関する投稿が多くを占めています。これ以外の共通話題としては、「挨拶」というものがあります。以前、Twitter で、朝「おはよう」とつぶやくと、たくさんの人が「おはよう」と返してくれる、というのが流行《はや》りました。Facebook でも、朝一番の投稿は、「おはようございます」と挨拶から入る人が少なくありません。

挨拶されて不快に思う人はいませんし、挨拶はコミュニケーションの入り口でもありますから、鉄板の共通話題ともいえます。挨拶に数行の近況を添えるだけで、ある程度親しい友達は、十分反応してくれるでしょう。

「共通話題」は「前菜」、「専門話題」は「メインディッシュ」である

共通話題は重要です。しかし、共通話題だけでは、全く物足りないメディアになってしまいます。なぜならば、共通話題だけを読みたくて、Facebook や Twitter を利用している人は少ないからです。

例えば、「エコ住宅研究所」という Facebook ページがあるとします。その Facebook ページのファンになっている人は、「エコ住宅」に興味があるから、「いいね！」をクリッ

クして、ファンになったはずです。

そんなFacebookページで、共通話題だということで、いつも「今日の天気」の話しか投稿されないとしたらどうでしょうか。すぐにファンをやめてしまいます。当然、「エコ住宅」の話がある程度盛り込まれていないと、つまらないFacebookページになってしまいます。

「共通話題」＋「オリジナリティ」＝「最強」という公式を紹介しましたが、これはいい換えると「共通話題」＋「専門話題」＝「最強」ということにもなります。

「共通話題」はコース料理における「前菜」であり、「専門話題」は「メインディッシュ」なのです。レストランでコース料理を注文して、いきなり最初の一皿が「牛フィレステーキ」だと、戸惑いますよね。「牛フィレステーキ」は食べたいわけですが、「前菜」や「サラダ」を食べ、期待感が高まったときに、ドーンとテーブルの上に主役である「牛フィレステーキ」が登場して、満足感がピークに達します。

あるいは、「共通話題」は落語における「前座」であり、「専門話題」は「真打ち」といってもいいでしょう。真打ちが登場する前に、先に「前座」の噺《はなし》があります。それで、お客さんの緊張が解けて、笑いも起きやすくなったところで、真打ちが登場！　ドカーンと大きな笑いが起きるわけです。

いきなり骨太の「専門話題」からコンテンツを書き始めると読者の食いつきは悪くなってしまいます。そこで、「共通話題」で、まず読者の気持ちをキャッチすることが必要なのです。

「共通話題」と「専門話題」の組み合わせの例

抽象的な説明だとわかりづらいという人もいるでしょう。そこで私の実例をご覧ください。次の記事は、大学入試センター試験の前日に投稿したもので、かなりの長文ですが、70人以上がシェアした、極めて反応率が高かった記事の1つです。

アドレナリンやノルアドレナリンの話など、最後まで読んでいただければ、「なるほど」と興味をかきたてられる話題だと自負しています。しかし、こうした専門用語が入った少々マニアックな文章をいきなり書き始めると、誰も読まないのです。「いきなり牛フィレステーキ」状態というわけです。

ですから、多くの人が興味を持ちそうな共通話題から入ります。センター試験の前日ですから、当然「受験」というキーワードは、最大の共通話題となります。また、第1行目に【受験生のための脳科学】と、「受験生」という言葉を入れていますから、おそらく受験生のお子さんを持っている親御さんは、かなり高い確率でこの記事を読んでくれたはずです。
結果として長文にもかかわらず、シェア数78件という驚異的な反応数をたたき出すことができたのです。

精神科医　樺沢紫苑
【受験生のための脳科学】その１　緊張は成功のサイン

いよいよ明日、大学入試センター試験です。受験生を抱えている方は、親の方が緊張しているかもしれません。試験前日でも、受験生に役立ててもらえる、簡単な脳科学の知識を紹介しましょう。

受験生には、「緊張」がつきものです。緊張すると心臓がドキドキします。このドキドキが苦手・・・という人も多いでしょう。

心臓がドキドキすると「緊張でもうだめだ」とあきらめる人もいるかもしれませんが、その必要は全くありません。むしろ、逆です。緊張と共に心臓がドキドキする時は、100%以上の実力を発揮し、「成功」する予兆なのです。

そもそも、緊張すると心臓がドキドキするのはどうしてでしょうか？　それは「緊張」という精神的な刺激によって、アドレナリンやノルアドレナリンなどの「カテコールアミン」という心臓を動かす作用のある物質が分泌されているからです。

「カテコールアミン」というのは、心臓が弱った患者さん、あるいは心肺停止状態の患者さんを蘇生するときに投与する薬で、心臓を動かす作用が非常に強い物質です。

試験の前。あるいはスポーツの試合で緊張を感じているときは、アドレナリンやノルアドレナリンが分泌され、集中力や筋力がアップし、心と身体は臨戦状態になっているのです。

そしてそういう時は、緊張のため心臓もドキドキしているはずです。「緊張のため」というか「緊張→アドレナリン（ノルアドレナリン）分泌→心臓がドキドキ」という状態になっています。

つまり、心臓がドキドキしている・・・ということは、アドレナリン（あるいはノルアドレナリン）が分泌されていて、「脳」と「身体」が臨戦状態にあることの証拠なのです。

ですから、「心臓がドキドキ」したときに、「緊張で失敗するかも・・・」と悪い連想をする人もいるでしょうが脳科学的には反対です。

「心臓がドキドキする」ということは、「脳」も「身体」も、最高のパフォーマンスを発揮できる、いや普段以上の実力を発揮できる状態である・・・と理解すべきなのです！

受験生が試験当日にドキドキするときは、「いつもより良い点が取れる徴候だ！！」と、ポジティブにとらえていいのです。

「心臓がドキドキするのは、成功する証拠」、これを、オマジナイ的に心の中でつぶやいてみましょう。そう考えると、「ドキドキ」や「緊張」も恐くないはず。

受験生のお子さんをお持ちの方は、是非教えてあげてください。ドキドキするのは、これからやろうとすることが、「成功」するサインだということを。

352人がいいね！と言っています。

シェア78件

「共通話題」と「専門話題」を組み合わせる

Facebookページやブログなどで、非常に専門性の高い、レベルの高い記事を書いている方はたくさんいます。しかし、専門性の高い記事を専門家ではない人に読んでもらうのが、Facebookやブログに投稿している目的なのですから、いきなり「専門話題」から入ってしまうと、「なんだか難しそう」と、敬遠されてしまうのです。

その記事を読むか読まないか、というのは最初の数行で決まります。

読者の多くが関心のある共通話題で注意を引き、そこに自分にしかできない専門的でディープな話を盛り込んでいく。そうすると、他の誰も真似《まね》できない、唯一無二のオリジナリティのある記事が書けるのです。

心を開くとファンが増える　～「自己開示ライティング」

人は「自己開示」をしてくれた相手に対して心を開く

元祖ブログの女王こと眞鍋かをりさんが、あるインタビューで人気ブログを作るコツについて語っていました。

「人気ブログを作る最大の秘訣《ひけつ》は、圧倒的に自分自身をさらけ出すこと」だそうです。

自分の心の扉を開き、自分の内面をさらけ出すことを、心理学では「自己開示」といいます。**人は「自己開示」をしてくれた相手に対して、心を開く傾向があります。つまり、自分の心の扉を開くことで、相手の心の扉も開かれるのです。**

これを繰り返すことによって、お互いの親密度は大きくアップします。これを「自己開示の法則」といいます。

眞鍋さんは、人気ブログを作り育てるためには「自己開示」が重要であることに、経験的に気付いていたのでしょう。圧倒的に自己開示をすると、人気ブログができる。自己開示によって、読者との心理的な距離が縮み、読者の気持ちをつかむことができるのです。

メルマガで「編集後記」が一番読まれる理由

インターネットの世界でも、リアルの世界と同様に、自己開示の法則は有効です。

メルマガには「編集後記」というものがあります。発行者の趣味の話や最近の出来事など、私的なことが書かれているのですが、人気メルマガはたいてい「編集後記」がおもしろいという共通点があります。

また、人気のメルマガ発行者に話を聞いても、主要なコンテンツよりも、「編集後記」のほうがよく読まれていて反応率が高い。だから、「編集後記」に力を入れて書いている、と言います。

この「編集後記」というのは、コンテンツや記事とは違った、発行者の近況や感じたことなどを率直に綴《つづ》る、自己開示の場になっています。**「編集後記」に発行者のプライベートな出来事やマイブームなどを書くことで、読者を魅了することができるのです。**

なぜ自己開示をすると心理的距離が縮むのか？

ブログやメルマガなどのウェブ媒体では、読者はコンテンツや記事など、知りたい情報を目的に読んでいるのだから、プライベートなことを書くのは好ましくない、あるいは書く必要がない、と考える人もいるでしょうが、それはちょっと違います。

ブログやメルマガの読者は、最初はコンテンツ目的でアクセスしたり購読を始めたりしますが、やがて関心は「コンテンツ」から「書き手自身」「書き手の人間性」へとシフトしていきます。それが、人間の心理です。

例えば、ある歌手のファンになる場合、最初は曲が好き、あるいは、ダンスが好きだということで、曲を何度も聞いたり、プロモーションビデオを何度も見たりするでしょうが、それだけでは物足りなくなってきます。音楽活動、芸能活動以外のプライベートで何をしているのかが気になってきます。芸能人のプロフィールに、必ず「好きな食べ物」とか

「オフのときに何をしているか」といったプライベートに関する情報が書かれているのは、そのためです。

最初は「コンテンツ」から入りますが、やがてその人の「人間」全体が好きになり、プライベートを知りたくなります。これがファンの心理です。そこで、プライベートを少し開示すると、よりディープなファンになってくれるのです。

芸能人ブログはとても人気です。でも、芸能人ブログを読んでも、あまり大それたことは書かれていないのです。その芸能人が、どこで何をしたか、そのときの写真がアップされているだけ、ということが多い。しかし、ファンにとってはそれが何よりも重要なのです。ブログで明かされるのは、その人の「今」であり、プライベートそのものですし、ブログを読めばその人の人間性をよく理解することができます。

さらに、TwitterやFacebookなどのSNSの場合は、ただ情報を受け取るだけではなく「交流」したい、その人の個人的な日常を知りたい、もっとその人に人間的に近づきたい、という気持ちが強い人が集まっていますから、ブログやメルマガなどに比べても、さらに「自己開示」が重要になってきます。

「自己開示」のない文章は味気なく、つまらない

ソーシャルメディアに文章を書く場合、あなたの情報が極めて有用であるとか、他にはない稀少《きしょう》なコンテンツを発信しているという場合をのぞき、「自己開示」は必要なことだと思います。

なぜならば、「自己開示」のない文章は、実につまらない文章になるからです。

自己開示のない文章の一番いい例は、「新聞の記事」です。「新聞の記事」では、事実の伝達が最も重要なことなので、記者の個性や記者という個人が文章に表れてしまうのは、大きなマイナスです。ですから、新聞の記事には記者の自己開示はありません。

したがって文章としては味気ない。しかし、事実は客観的に、ストレートに伝わります。新聞の場合は、しっかりと伝えるべきニュースがありますから、淡々とした文体であっても十分に読み進めることができますが、コンテンツが弱ければ、それは非常に退屈な文章になってしまうでしょう。

読者はあなたの文章に、「あなたらしさ」を期待しています。日本のブログだけで1000万以上あるといわれています。そのなかからあなたのブログを読む目的は何でしょうか。「情報」だけであれば、他にも同じような情報を書いてあるブログは、いくつでもあるはずです。

読者は「あなたらしさ」を期待して、あなたのブログを読みにくるのです。あなたらしさを出す。そのためには、「自己開示」が必要となるのです。

ちなみに、「自己開示」というのは、「個人情報の開示」とは、全く違います。自分がどこに住んでいるとか、どの会社に勤めているとか、そんな「個人情報」を書かなくても、「自己開示」はいくらでもできます。

もっと個性を出していい〜「キャラ出し・ライティング」

「自己開示」をもっとわかりやすい言葉でいい換えると、「キャラ出し」です。自分のキャラクター、個性、自分らしさを出すということです。

ソーシャルメディア・ライティングで重要なことは、「個性を出す」ということ。読み手の立場になればわかることです。どこかで読んだことがあるような、同じような記事を、わざわざ自分の貴重な時間を費やして読みたいと思うでしょうか。

ちなみに、全ブログの大多数が、1日のアクセス数50以下、多くの人に読まれないブログになってしまっています。

日記ブログのほとんどは、単純な行動報告で終わっています。同じような没個性ブログが何万と存在します。そうした没個性ブログがなぜつまらないのかというと、「個性」を全く出していないからです。

どんな人でも、他の人と違った、人間的なおもしろさが必ずあります。リアルで100人の人に会うと、それぞれにユニークな点を容易に発見できます。しかし、ブログを100件見ても、そのなかで読みたくなるのは2件か3件くらいしかありません。その他のほとんどは、同じようなことしか書かれていないからです。つまり、ほとんどのブログは「キャラ出し」ができていないのです。

読者は、あなたの人間性に興味があって、あなたのメディアを訪れている。にもかかわらず、そこに人間性やキャラが全く表現されていなかったら……。間違いなく失望します。それが、凡百ある日記ブログです。

あなたは、もっと個性を出していいのです。もっとキャラを出していいのです。もっと自分を表現していいのです。

いきなり過度の自己開示をしすぎない

初対面の相手が自分に「好意」を持っているかどうか、瞬時に判断する方法を教えましょう。気になる異性と会った場合、その人が自分に好意を持っているのか、あるいは、全く持っていないのかがわかると、その後のアクションが実に起こしやすくなります。

それは、相手が自分について「質問」しているかどうか。その一点です。

相手が自分にいくつかの質問を投げかけてくれる、ということは相手が自分に対して、関心を持っている証拠です。全く無関心な人間に、質問などしようとは思いません。

「関心」というのは、好意の入り口、あるいは、小さな好意です。**自分が好意を持つと、その人のことをさらに知りたくなる、という心理があります。**

逆にいうと、関心のない人については、詳しいことなど知りたくもない、ということです。例えば、初対面でいきなり自分の子供の頃の話をする人がいます。子供の頃、運動が得意で、体育の大会で常に1位だった、とか。ほとんどの人は「だから何ですか?」と、引いてしまうでしょう。

自己開示をするほどに心理的距離は縮まるといいましたが、初対面の人にいきなりドンドン自己開示をしても、相手との心の距離は逆に離れてしまいます。その理由は、「自己開示の返報性」に隠されています。

自己開示というのは、自分に対して心を開いている人、つまり、自分に対して小さいながらも関心を抱いている人に対して有効です。自分に全く関心のない人、好意を抱いていない人に対しては、効果がないどころか逆効果です。

心を開いている人に対して自己開示をする。そして、相手も自己開示をする。お互いの心の扉が、さらに大きく開かれる。そこで、さらに深い自己開示をすると、相手の心はさらに開かれる。このように、双方が自己開示をすることで人間の関係性は深まっていくのです。特に恋愛関係、男女の交際というのは、まさにこの自己開示の繰り返しといえるのではないでしょうか。

ですから、心を開いていない人に対して、過度の自己開示をしないでください。相手の心の扉と同じくらい、自分の心の扉を開いていく。その状態にあるとき、最も深い交流ができるのです。

自己開示のバランスは「二八そばの法則」と覚えよう

自己開示をしないと味気ない文章になってしまう。でも、いきなり自己開示をしすぎるのはよくない。一体、どのように、どの程度自己開示をすればいいのでしょうか。

実は私、「そば打ち」ができます。これも、自己開示です（笑）。本格的なそば屋に行くと、「十割そば」というものがあります。これは、つなぎなしで、そば粉10割で打つそばのことです。しかし、素人がそばを打つ場合、そば粉だけでつなぎを入れないと、なかなか生地がまとまらず、ボソボソのそばになってしまいます。

そこで、ある程度の割合でつなぎを入れるのですが、その割合は「2割」くらいがちょうどよく、つなぎ2割、そば粉8割の割合で打ったそばを、「二八そば」といいます。

この「2対8」という割合は、「つなげる」ための、重要な割合となります。そして、**ソーシャルメディア上で自己開示によって読者とつながるためにも、「2対8」の割合が重要です。**

Facebookの個人ページをイメージしてみましょう。個人ページでは、「交流」が主たる目的になりますので、自分のプライベートを書いた記事、「自己開示」の割合はかなり多くて大丈夫です。「自己開示8、情報2」くらいの割合でOKだと思います。

ただ、ある程度「情報」的な要素、あなたとはあまり親しくない第三者が読んでも「おもしろい」とか「ためになる」と思えるようなエッセンスがないと、本当に親しい友達にしか読まれないページになってしまいますので、注意が必要です。

個人ページに対し、Facebookページの場合はというと、こちらでは「情報」が主たる目的になります。ですから、「情報8、自己開示2」くらいの割合を目指します。「おもしろい」「役に立つ」という情報を紹介しながらも、ときに「自分らしさ」をアピールする、ということです。「自己開示」は、「隠し味」か「スパイス」のように少しだけ入れることで、全体を引き締める効果を発揮するのです。

ただし、2011年の秋に「フィード購読」という、「友達」にならなくても公開投稿が読めるという機能が追加され、個人ページをたくさんの人に読んでもらうことができるようになりました。つまり、個人ページが「Facebookページ化」したのです。

もし、あなたが「フィード購読者」を増やし、「友達」以外にも何千人もの購読者に記事を読んでもらいたい、ということであれば、「自己開示8、情報2」ではなく、「情報」の割合を増やさなければいけません。「自己開示5、情報5」。あるいは、それ以上に「情報」の割合を多くしないと、フィード購読者は増えないでしょう。

なぜなら、Facebookの「友達」は「交流」を目的にしていますが、フィード購読者は主に「情報収集」を目的としているからです。

こうした「情報」と「自己開示」の割合というのは、「1つの記事」内で達成するものではなく、そのサイト全体から与える印象、日々の投稿における全体的なバランスを考え、だいたいの目安として記憶しておけばいいでしょう。

メルマガ、ブログにおける「二八そばの法則」とは？

「個人ページ」と「Facebookページ」とが分かれているFacebookでは、「二八そばの法則」を理解しやすいと思います。

では、メルマガの場合はどうすればいいのでしょうか。

メルマガは、主に2つのパートに分けられます。それは、「メインの記事（コンテンツ）」と「編集後記（または、はじめに）」です。「メインの記事」の目的は「情報発信」、そして「編集後記」の目的は「交流」ということになります。

ですから、**情報発信を目的とする「メインの記事」では、「情報」を中心に書く。つまり「8割の情報、2割の自己開示」。Facebookページと同じような割合の自己開示が最適と考えられます。**

一方、**交流を目的とする「編集後記」では、「自己開示」を中心に、つまり「8割の自己開示、2割の情報」。Facebookの個人ページと同じような割合がいいでしょう。**

では、ブログの場合はどうしたらいいでしょう。ブログは、メルマガのように、編集後記はありません。

ブログの場合は、まずそのブログがどんなブログなのかを意識することです。「濃い情報」をしっかりと配信していく、情報発信型のブログなのか。あるいは、自分の日常や、最近の出来事などを綴る「日記ブログ」あるいは「エッセイ風のブログ」なのか。そのスタンスを明確にすることです。

情報発信型のブログの場合、主たる目的は「情報発信」となるので、Facebookページと同じ、「8割の情報、2割の自己開示」くらいの割合を意識します。

「日記ブログ」あるいは「エッセイ風のブログ」であれば、主たる目的は自分について知ってもらうことになるので、Facebookの個人ページと同じ、「8割の自己開示、2割の情報」くらいの割合を意識します。

芸能人ブログは、「日記ブログ」「エッセイ風のブログ」に含まれ、日常の写真投稿、日常生活の報告で成立してしまいますが、無名の一般人がこれをそのまま真似ても、人気ブログにすることは難しいでしょう。

ただ、情報発信型のブログであっても、長く続けていくと、読者は濃いファンになっていきますので、あなたのプライベートについて知りたいという欲求が芽生えてくるでしょう。ですから、いつまでも「8割の情報、2割の自己開示」のままではダメで、徐々に自己開示の割合を増やしていく必要があります。

何年も続けているブログであれば、「8割の自己開示、2割の情報」といった投稿も問題なく許容されるはずです。しかし、全ての投稿がそうなってしまうと、「硬派な情報ブログ」というイメージが崩れ、「濃い情報が欲しい」というニーズのファンが離れてしまいますので、全体のバランスを考えながら、少しずつ自己開示をしていくべきでしょう。

「今」を共有する〜「共時性ライティング」

「今」を伝えるソーシャルメディアの特性を把握する

東日本大震災のとき、携帯電話はほとんどつながらなくなってしまいました。しかし、Twitterは、地震直後でもダウンすることなく、情報をやりとりできました。

そして「今、何が起こっているのか」「今、どう対応すべきか」という有益な情報がたくさん流れました。一部、無責任なデマ情報がリツイートで拡散してしまうということがありましたが、Twitterを利用していた人のなかには、Twitterでの連絡で家族、知人の安否を確認し、テレビのない環境でもTwitterからの情報で、今何が起こっているのかを知り、安心を担保したという人もいるでしょう。

一方、マスコミからの情報は非常に遅く、Twitterで流れた情報を翌日のテレビ番組が取り上げる、ということもありました。マスコミが伝えたものは、「過去」でした。

Twitterは、「今」を伝えるのに圧倒的に強いメディアである、ということが日本中に広まり、震災後の1ヶ月でTwitterの利用者数が30%以上も増えたほどです。

Facebookは、もともと「今」を伝えるのが苦手なソーシャルメディアでしたが、2011年秋の、ハイライトと最新情報が統合された新ニュースフィードの登場によって、

Twitterとほぼ同様に「今」投稿された記事を、「今」リアルタイムで読めるようになりました。このリニューアルによって、Twitterと同程度に「今」に強くなったFacebookは、圧倒的に便利になりました。

マスコミは「過去」しか伝えることができませんが、ソーシャルメディアというのは「今」を伝えることができる。これが、ソーシャルメディアの極めて大きなメリットであり、特徴でもあります。

ですから、この「今」を意識した投稿に対しては反応率が高くなるのです。「1時間前に渋谷にいました」には誰も反応しませんが、「渋谷なう」には反応する人がいるのです。

ソーシャルメディアは新しい「団欒の場」である

一昔前であれば、家族全員でコタツに当たって、ミカンでも食べながらテレビを見て、そのテレビの内容について、ああだこうだと語り合う、家族団欒《だんらん》の場というものがありました。最近ではお父さんは残業、子供は塾で、家族全員で食卓を囲むというチャンスも少ない。あるいは、子供は自分の部屋にテレビを持ち、自分の見たい番組は自分の部屋で見る……。テレビを見ながらの家族団欒というのは、もはや過去の風景なのかもしれません。

しかし、ソーシャルメディア上では、新しい団欒の場が登場しています。サッカーや野球などスポーツの試合を見ながら、「今、ゴールした！」とか「やった、逆転した」とか、感想をTwitterにつぶやきながらテレビを楽しむ。そして、同じ試合を見ている者同士で、「今のゴール凄かったよね」とTwitter上で会話が始まります。

オリンピックやワールドカップなどのビッグイベントのときは特に凄まじく、Twitterのタイムラインが、その試合に関するツイートで埋め尽くされます。

これは、「新しい団欒の場」と呼ぶにふさわしい、テレビとソーシャルメディアの新しい楽しみ方といえるのではないでしょうか。

自分も感じたこと、思ったことが、他の人によってつぶやかれている。「ああ、他の人も同じことを思っていたんだ」という安心感。自分のつぶやきに対して、肯定的なリツイートやリプライが来ることによって得られる「共感」。こうした「共感」がほぼ現在進行形で得られる、というメディアは今まで存在しませんでした。

同じ時間に同じ体験を共有する。一緒の時間を過ごしているかのような体験のことを、私は「共時体験」と呼んでいます。

この「共時体験」と「今」を意識し、「今」を共有するライティングを、私は「共時性ライティング」と定義しています。

共通話題に対して、今、起こっていることをつぶやく。

共通話題に対して、今、考えていることをつぶやく。「今」を意識し、「今」を発信することで、共感が得られるライティングは、「共時性ライティング」といえるのです。

「今」を意識した「現在進行形」の投稿をする

「共時性ライティング」は、たとえ大きなイベントがなくても、日々の投稿でも取り入れることができます。また、投稿する側と読む側は、必ずしも同じ体験をしている必要はありません。

「共時性」が重要だというのは、いい換えるなら「今」にフォーカスすることが重要だということです。自分の「今」の感動を読者に伝え、時間と感動を共有できれば、それは「共時性ライティング」ができたということです。

具体例を見てみましょう。

「今日、東京スカイツリーに行きました。想像以上に大きくて驚かされました」（プラス写真）

「今、東京スカイツリーの前にいます。スッゲー。こんなに大きいとは。想像を超えました」（プラス写真）

前者の文章は、「過去形」で書かれていますので、冷静に事実を記載しているだけ。感動があまり伝わりません。後者の文章は、「現在進行形」で書いています。今、興奮している様子が生々しく伝わります。

「今、私は感動しています。この感動を一緒に共有しましょう！」

そのために、「今」を意識し、現在形、現在進行形で記事を書く。これが、「共時性ライティング」です。

実際に調べてみるとわかりますが、「共時性ライティング」を意識して書いた場合は、そうでない場合に比べて、2倍以上の反応率が出ます。

こうした投稿をするためにも、感動したらすぐ写真を撮って、その場で投稿するのが一番です。特に「ライティング」という小難しいことを意識しなくても、「今」の感動が、文章に表現されるはずです。

では、このパターンはどうでしょう。

「今日、映画『ミッション：インポッシブル』を見ました。とても、ハラハラ、ドキドキする映画でした」

「今、映画『ミッション：インポッシブル』を見終わったところ。とても、ハラハラ、ドキドキする映画で、その興奮がまだ冷めません」

どちらの文章のほうがいいでしょうか？

前者の文章は、「過去形」で書かれていますので、どこか冷静でクールな印象になっています。後者の文章は、映画を見たのは「過去」ですが、興奮しているのは「今」です。

体験は「過去」でも、「今」の自分の感情にフォーカスすることで、「今」を意識した投稿になっています。

両方とも映画を見終わった後に書いた文章ですが、「今」の感情にフォーカスすれば、過去形ではなく現在進行形の「共時性ライティング」で書き換えられるという例です。

1人に向けて書くと万人に伝わる 〜「オンリーユー・ライティング」

「自分のために書いてくれた」と思ってもらう

「この記事、ちょうど今、自分が知りたいと思っていたことがズバリ書かれている！　あまりにもタイムリー。ひょっとして自分のために書いてくれたのかな」

インターネットでコンテンツを読んでいるとき、こう思ったことはありませんか？

少なくとも私の元には、「まさに私のためにアドバイスしてくださったようで、本当にありがとうございます」「どうして私の悩んでいることが、ズバリ書かれていたのか。怖いくらいです」といった感想がよく届きます。

「自分のために書いてくれた」かのように思ってしまう。**自分のためだけのオーダーメイドのような記事は、強烈な共感を生みます。**

「オンリーユー」「あなただけ」「おまえだけ」という言葉が歌謡曲によく登場するように、人は「あなたのため」にとても弱いのです。

このような、「自分のために書いてくれた」かのように思ってもらえる凄い記事は、どうやったら書けるのでしょうか。簡単です。ある1人の人に向けて書けばいいのです。

自分のよく知っている1人をイメージして書く

例えば、私がFacebookに「怒りのコントロール」というタイトルで、400文字程度の記事を書く場合を想定してみましょう。

伝えたいのは、「カッとしそうになったとき、キレそうになったときに、素早く怒りを収めて冷静になる方法」です。いつもカリカリしている人に、「怒りの感情をコントロールして欲しい」と伝えるのが書く目的となります。

では、その記事を一番読んで欲しい人は誰なのか。

「いつもイライラしている人」「キレやすい人」「感情のコントロールが苦手な人」ということになりますね。

でも、あなたは「いつもイライラしている人」というだけで、その人をリアルにイメージすることができるでしょうか？　何となく、イメージしたつもりかもしれませんが、リアルなイメージにはなっていないはずです。

そこで、自分の周囲から、一番イライラしている人を思い出してみます。例えば、友人のAさん。いつも仕事が忙しく、休みもとれない生活が続いているせいか、ちょっとしたことでもイライラし、キレやすいところがあります。

そんなAさんを目の前にして、直接アドバイスをするとしたら何を言えばいいのか。

そうした状況をリアルにイメージしながら書いていくのです。

たった1人の読み手「Aさん」を意識する

「Aさん」ただ1人に向けて書くと、「Aさん」にしか伝わらない文章になってしまうと思うかもしれませんが、むしろ反対です。「Aさんのような人」、全てに共感してもらえる文章が書けるのです。

実際、「1人をイメージして書く」ことをやってみると、その効果の高さを実感するはずです。

「私のためにに書いていただいたような文章で、大変心に響きました」

「今の私にまさに必要だったアドバイスをいただき、大変感謝します」

といった感想メール、感想メッセージがたくさん届くのです。

Ａさんをイメージして書いただけなのに、不思議なことに「自分のために書いてくれた」と感じる人がたくさん現れるのです。

なぜなら、同じようなことで悩んでいる人がたくさんいるからです。世の中に悩みごとの種類というのは、無限にあるものではありません。

例えば、自分が今どうしても知りたいことや、悩みごとの解決方法を調べてみるとしましょう。そうすると、「はてな」「OKWave」「Yahoo! 知恵袋」といった質問サイトに、既に同じような質問が投稿されていて、誰かが既に答えてくれていることがわかります。この質問サイトというのは、あらゆる質問が網羅されていて、これに載っていない質問を思いつくほうが難しいくらいなのです。

ですから、**ある人をイメージして、その人が困っていることについて、その人を前に説明するようなつもりで記事を書くと、同じような人たち数百人、あるいは数千人の心に響く記事が書けるのです。**

また、1人の人をイメージすると、アドバイスが非常に具体的になります。アドバイスを受ける側がイメージしやすい、すぐに行動に移しやすい実践的なアドバイスが出てくる。それは、読み手にとって本当に役に立つアドバイスといえるのです。

まず「誰に伝えたいのか」を明確にする

文章を書き始めるときは、何を書こうか、つまり書く内容ばかりに気を取られてしまいがちです。しかし、「書く内容」だけではなく、誰に対して書くのか、誰にその記事を一番に読んで欲しいのか、その対象をイメージすることが大切なのです。

なぜならば、漠然とした対象に向けて書かれた文章は、誰の心にも刺さることがないからです。

文章は、「書き手」と「読み手」のキャッチボールです。「書き手」だけでは、文章は成立しません。ボールを受け取ってくれる人がいる。読んでくれる人がいて、はじめて「伝わる文章」は、成立します。

「読み手」をイメージしないで文章を書くことは、ボールを適当な方向に投げるようなものです。そんなボールは、誰も受け取ってくれません。受け取りようもないのです。

「誰に伝えたいのか」を明確にする。それだけで、何倍も伝わる文章が書けるようになり

ます。

「一般大衆」に向かって書いてはいけない

よく、「一般大衆」という言葉が使われます。では、「一般大衆」とは、どんな人なのかイメージしてみてださい。

年齢は？　性別は？　職業は？　……イメージできませんよね。

イメージできない、想像もできない人たちに向けて文章を書いても、全く響かない文章ができ上がります。

「大衆」という個人は、存在しません。あなたの文章を読むのは、「平均的な日本人」ではなく、いろいろな個性を持った「個人」なのです。「大衆」があなたの文章を読むわけではありませんから、「大衆」向けの文章は、誰1人として感動させられないということになります。

例えば、ピッチャーがボールを投げるとき、「ストライクゾーンに入ればいい」と思って投げる場合と、「内角低めストライクゾーンギリギリ」を狙って投げる場合、どちらが精度の高いボールを投げられるでしょう。いうまでもないと思います。

「一般大衆」に向かって発言したり、文章を書いたりすることは、「ストライクゾーンに

入ればいい」と思ってボールを投げるのと同じくらい、いいかげんなものなのです。

テレビのコメンテーターを例に挙げると、当たり障りのない、無難で、心に響かないコメントをする人がいます。一方で、心に響く鋭いコメントをする人がいます。

心に響かないコメントをする人は、存在しない「一般大衆」に向けて、漠然とした意見を言っています。鋭いコメントをする人は、特定の人たちをイメージして発言しています。

つまり、視聴者が具体的に見えているのです。仮に、「経済的に苦しい人に援助する必要があります」と発言する場合、「経済的に苦しい人」が、どんな生活をしているのかがリアルに見えている。実際に自分が取材した人など、その顔までしっかり見えていれば、その発言に非常に重みが出てきます。

こうした特定の個人をイメージして発せられる「鋭いコメント」の場合は、たとえその意見に賛成できなくても、「その意見には一理ある」という説得力が備わります。

ターゲットを明確にすることで話が具体的になり、圧倒的なリアリティをもって響き、そこに説得力が生まれるのです。

まず読者1人を喜ばせよう～「オンリーユー・ライティング」

ある特殊な一群に向けて書くよりも万人に向けて書くほうが、たくさんの人に受け入れられる、と考える人がいますが、一般的には、むしろ逆だと思います。

多くの人が興味や関心を持っているということは大切ですが、「一般大衆」「普通のビジネスマン」「普通の学生」など対象を漠然ととらえてしまうと、たいていの場合は、エッジのない、つまらない文章ができ上がります。エッジがないと引っ掛からない。心に刺さらないのです。

『あたりまえだけどなかなかできない　33歳からのルール』（小倉広著、明日香出版社）という本があります。「33歳」に読者を限定してしまうと、潜在的な購買層が薄くなってしまうのではないか、と思うかもしれませんが、むしろ逆です。実際、この本はベストセラーになっています。

33歳で読んだ人は、自分にドンピシャリのアドバイスを読み「自分のために書かれた本だ！」と思うでしょう。そして、実際には「もうすぐ33歳になる」という人や「ちょっと33歳を超えている」という人も手に取り、その内容に共感するのです。

対象とする読者を絞り込んで明確にするほどに、実践的なアドバイスや助言が可能になり、より多くの人に支持される本が書けます。ソーシャルメディアでのライティングも同じことです。

ですから、ソーシャルメディアに文章を書くときは、ある程度、読者の対象を明確にする。できれば特定の個人、「友人のＡさん」「自分の母親のような主婦」「毎日残業でかなり疲れている友人のＢさん」などをイメージして書く。そうすることで、結果として、万人に受け入れられやすい文章ができ上がります。

「大衆」というのは、１人１人の人間の集合体です。「大衆に受ける」ためには、最低でも「誰か１人に受けている」必要があります。そうした１人が１００人、１０００人、１万人といて、最後に全体像を見たときに、「大衆に受けた」という結果が生じるだけなのです。

「読者1人を喜ばせる」ことが、結果として「たくさんの読者を喜ばせる」ことにつながります。反対に最初から「たくさんの読者を喜ばせよう」と思って文章を書くと、誰の心にも引っ掛からない、誰1人として喜ばせることができない文章ができ上がります。

読者イメージを明確にするほどに伝わる ～「イメージ・ライティング」

自分のファン層を把握して書く～「統計ライティング」

前項では、特定の１人に向けて書くと非常に共感される文章が書ける、という話をしま

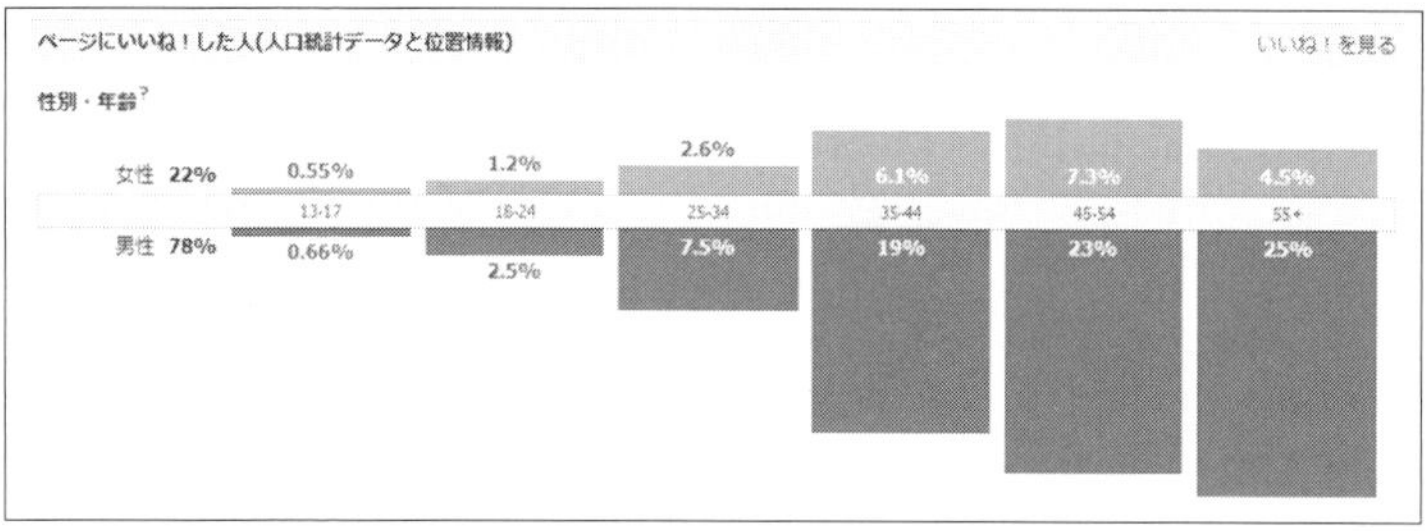

「ページにいいね！した人」でファンの属性を調べる

した。では、私が自分のFacebookページ「精神科医　樺沢紫苑」に、私の知人の23歳の女性B子さんに向けた、ポイントを定めた濃い記事を書いたとしたら、高い反応率が得られるでしょうか。

おそらく、得られないはずです。なぜならば、私の「精神科医　樺沢紫苑」のファンにおける、18～24歳の女性が占める割合は、わずか1・2％にすぎないからです。

そんな数値がどうしてわかるのか、というとFacebookページの「インサイト」という機能を使えば可能です。「インサイト」のページでは、「いいね！」「リーチ」「話題にしている人」の3パターンの、性別、年齢、国などの構成比を調べることができます。

このなかで「ページにいいね！した人」というのが、あなたのFacebookページのファンに当たります。ですから、Facebookに取り組んでいる人は、自分のFacebookページにおいて「ページにいいね！した人」が、どのような構成になっているかを把握しておかなくてはいけません。

私のFacebookページ「精神科医　樺沢紫苑」を例にとっていえば、男女比は男性78％、女性22％と女性に人気がない。特に18～24歳の女性は1・2％しかいませんから、「樺沢紫苑は、若い女性には全く人気がない」ということがわかります（笑）。

一方で、35歳以上の男性の占める割合が、67％と極めて高い。つまり、「樺沢紫苑の支持層は中高年男性が圧倒的に多い」ということがわかります。

これは、実際の統計結果であり事実です。この事実を受けて、「若い女性が喜ぶ記事」を書いたほうがいいのか、「中高年男性が喜ぶ記事」を書いたほうがいいのか考えます。より高い反応率を得るためには、こうした統計を調べて、自分のファン層がどういう人たちなのかを、きちんとリサーチしておくということが重要です。

こうした読者統計を把握し、実際の読者層にマッチした記事を書いていく。これが、「統計ライティング」です。

もちろん、私もときには女性向けの記事も書いています。子育ての記事や恋愛心理学的な記事なども書きます。そうしないと、さらに女性ファンが減ってしまいますから。

あくまでも自分のファン層というのは参考資料にすぎませんが、人によってファン層の偏りがあるわけですから、そうした「厚い層」を意識し、メインの層に共感してもらうこ

とは、常に意識しないといけないでしょう。

読者の「2W1H」をイメージする

自分のコンテンツを誰が読んでいるのか。これを英語でいえば「Who」になります。
では、この人たちは、「いつ」「どこで」「何を使って」読んでいるのでしょう。それをあなたはイメージできますか？

英語でいうならば、「When」「Where」「How」の「2W1H」です。

「いつ（When）」「どこで（Where）」「何を使って（How）」……。
この2W1Hを意識して発信すると、反応率を大きくアップさせることができます。

(1)「いつ」

「ソーシャルメディアで反応率の高い時間帯は何時頃ですか？」という質問をよく受けます。ザックリいえば、「朝」「昼休み」「夜」の3つの時間帯です。

朝は、パソコンを立ち上げて、Facebook や Twitter など、自分がメインに取り組んでいるソーシャルメディアを必ずチェックするという人が多いはずです。ですから、朝、午前中のアクセスは非常に多い。

もう1つは、昼休みの時間帯。昼食を注文して待っているときや食後に、ソーシャルメディアにアクセスする人は非常に多い。実際に、ビジネス街の飲食店のランチタイムに店の中を見回すと、スマホ（スマートフォン）をいじっている人をたくさん見かけます。

そして、夜の帰宅後の時間帯、20〜23時頃。家に帰ってから、パソコンを立ち上げる、あるいは、寝る前に一度メールやメッセージをチェックするという人も多い。

せっかくソーシャルメディアに記事を投稿するのなら、「朝」「昼休み」「夜」というアクセスの集中する時間帯にタイムリーな記事を投稿すると、反応率が高まります。

逆に、一番反応率の低い時間帯は、15〜17時頃です。つまり、ビジネスマンが一番集中して仕事をしている時間です。自分のスマホをいじっている暇などない、忙しい時間帯が、夕方です。

主婦や学生をメインの読者層として持っている人はまた少し変わってくるかもしれませんが、「朝」「昼休み」「夜」の3つの時間帯が、アクセスのホットな時間帯であると記憶しておきましょう。

(2)「どこで」「何を使って」

「どこで」。つまり、どこからソーシャルメディアにアクセスしているのか。日中の時間帯、ビジネスマンは仕事をしていますから、移動時間、スキマ時間、休憩時間、昼休みの時間に、スマホからアクセスしているという人が多いはずです。帰宅後と考えられる夜の時間であれば、家のパソコンからアクセスしている人が多いでしょう。

私の投稿は、1000文字を超えるヘビー級の記事が多いのですが、そうした長文の記事をスマホで読むには骨が折れます。ですから、長文記事を投稿するのは朝か夜にして、日中、昼休みの時間帯には、サクッと読める短文の記事を投稿するようにしています。

今、読者はどこで何をしているのか。そして、どんな端末で読んでいるのか。その姿をイメージして、記事の内容や、記事の長さなどを最適化するのが、「イメージ・ライティング」です。

「何を使って」の統計結果を頭に入れておく

自分が発信する情報を読者はどんな端末で読んでいるか、イメージではなく「統計結果」がわかればそれを利用したいものです。

例えば、アメブロ（Amebaブログ）の場合、アメブロの全ユーザーのほぼ半数が携帯からアクセスしています。しかし、これは全体統計ですから、自分のブログの場合は当然、数字が異なってきます。アメブロでは「アクセス解析」を利用できますので、それを見る

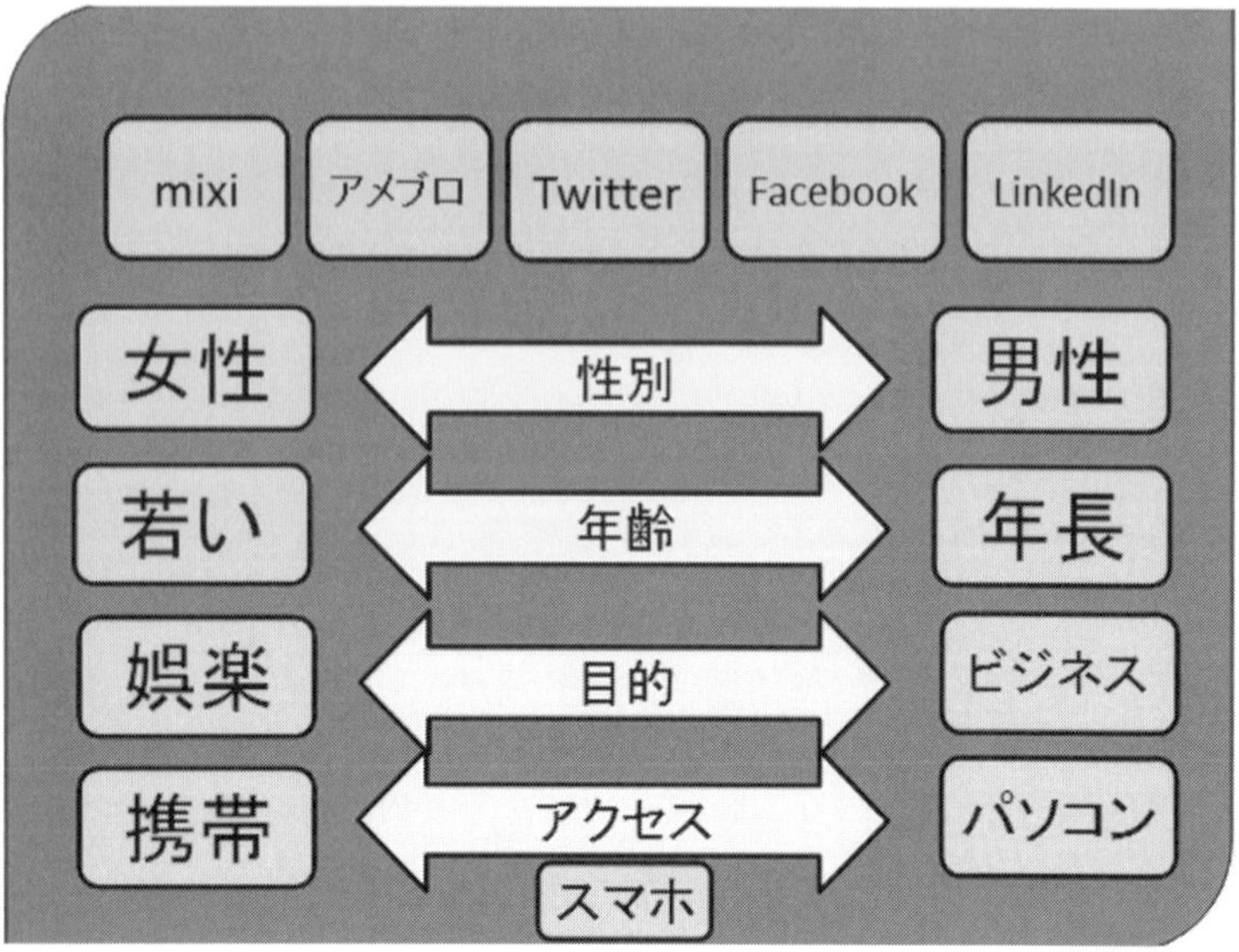

SNSのユーザー分布

と「訪問者属性」、ユーザーがどこからアクセスしているかがわかります。私の場合は、携帯からのアクセスが71%、パソコンからのアクセスが18%、スマホからのアクセスが11%でした。つまり、一般的なアメブロ・ユーザー以上に、携帯からのアクセスが多い、ということがわかりました。

あるいは、mixiの全ユーザーの利用者統計を調べてみたところ、81%が携帯からのアクセスでした。スマホが5%で、パソコンからのアクセスはわずかに14%です。

mixi、アメブロの側に行くほど携帯からのアクセスが多く、Twitter、

Facebook側に行くほど、パソコンからのアクセスが多くなります。

携帯で読む人には、写真を活用したサクッとした短文の投稿が好まれ、パソコンで読む人には、内容のしっかりとした濃いコンテンツ、骨太で長文な記事も歓迎されます。

図に示したように、それぞれの媒体により、ユーザー分布には特徴があります。

「どんな」読者が「いつ」「どこで」「何を使って」「何を目的に」読んでいるかをイメージしてみる。そうすることで、読者に優しい、読みやすい文章ができ上がり、喜ばれる。

そして、共感される。

結果として、繰り返し読んでもらうということにつながるはずです。

第3章

「交流ライティング」で圧倒的にコミュニケーションを深める

SNSではしっかり「交流」する人が成功する

Twitterで盛り上がる人、盛り上がらない人

Twitterでフォロワーが10万人以上いるアカウントを見ると、著名人、芸能人がたくさん名を連ねています。そうした人気アカウントでは本人が活発にツイートをしているだけではなく、フォロワーもリツイート、リプライをたくさん行っており、もの凄《すご》い盛り上がりが感じ取れます。

一方で、テレビでは第一線で活躍している誰もが知っている超人気芸能人であっても、そのTwitterを見てみると、本人はたくさん投稿しているのに、全く盛り上がりが感じられない、フォロワー数も信じられないほど少ない、という方もいます。

Twitterで盛り上がっている人と盛り上がっていない人の、最大の違いは何かわかりますか？　それは、「交流」をしているかどうかです。盛り上がっていないアカウントの有名人は、一般フォロワーとの対話がほとんどありません。

例えば、お笑い芸人でTwitterをしている人は多いのですが、お笑い芸人同士では交流をしているのに、一般フォロワーのツイートを全くリツイートしないし、リプライにも全く返信していない人がいます。お笑い芸人同士の交流は、テレビでいくらでも見られます。

わざわざソーシャルメディアで見る必要などないのです。

一般フォロワーが著名人、芸能人のツイートをリツイートしたり、リプライで意見や感想を送ったりするのは、万に一つの可能性であっても、返信が来るかもしれないからです。リアル社会では、著名人、芸能人と直接対話できる機会など、滅多にないわけですが、ソーシャルメディア上ではそれがありうる。だから、著名人、芸能人に積極的に話しかけるわけですが、それが完全に無視されてしまっては、しらけてしまいます。

盛り上がっている著名人、芸能人アカウントの特徴は、読者ときちんと交流しているということです。例えば、ソフトバンク社長の孫正義さん。彼は、フォロワーからの意見、提言を受け入れて「やりましょう」と表明し、実際にソフトバンクの事業として実現していくことで知られています。フォロワーの意見をきちんと読んでいるし、確率は低いとしても、一般フォロワーとの対話もあります。

リアル社会では、孫さんと直接話すことはまず不可能でしょうが、ソーシャルメディア上では可能性は少ないながらも、返信してくれるかもしれないのです。ですから、フォロワーも積極的に交流しようとする。結果として、アカウントが盛り上がります。

経済評論家の勝間和代さんも、かなりまめにリツイートやリプライをしています。実は、私はTwitterを始めて２週間目くらいのときに、勝間和代さんにリツイートしていただいたことがあるのですが、非常にうれしかったです。1行のコメントが添えられていただけですが、それだけでも感激してしまいました。

著名人、芸能人の場合、たくさんの反響がありますから全員に返信することは不可能でしょう。しかし、100人のうち1人でも返して、「読者とも積極的に交流しています」というスタンスの人のTwitterが、盛り上がりを見せているのです。

盛り上がっていない著名人、芸能人アカウントは、最も大切である自分の「ファン」と対話をしようとしない、交流をしようとしていないわけですから、盛り上がらないのは当たり前です。読者と全く交流をしないのであれば、コメント欄を閉じたブログと同じで、わざわざTwitterでフォローする必要はなくなってしまいます。

Twitterで著名人、芸能人をフォローするのは、その人の「今」を知りたいという「情報収集」という側面もありますが、万が一でも「交流」したいという欲求が少なからずあるためです。

読者とほとんど交流をしない著名人、芸能人でも超人気アカウントはありますが、それはツイートの内容が群を抜いておもしろいからです。「交流」がなくても、「情報収集」のニーズに対して圧倒的な満足を与えている場合ですが、そうした例はごく少数の人たちに限られるでしょう。

SNSは「交流」してこそ威力を発揮する

TwitterやFacebookなどのSNSと、ブログの最大の違いは何でしょう。それは、「交流」が密であるかどうかです。ブログにもコメント欄はありますが、著名人、芸能人の場合は、コメント欄を閉じている人もいるし、コメント欄を開放していても、一般読者のコメントにまめに返信している人は、ごく少数です。

特に超人気ブログになると、いちいちコメントを返している人はほとんどいませんが、それでも人気があるのは、ブログの読者には「情報収集」をメインの目的としている人が多いからです。

ブログ読者は、「交流」をしてくれなくても、1日何度も更新される情報や近況報告で十分に満足しているので、たくさんの人が読者登録をしているのです。

一方で、TwitterやFacebookなどのSNSは、もともとユーザー間の交流ツールとして開発された経緯もあり、またユーザーも「交流したい人」が集まっていますから、「情報発信」だけをしていては、あまり人気が出ないのです。

ブログは情報発信がメイン、SNSは「交流」がメインであるということです。

TwitterやFacebookで誰も反応してくれない、ちっとも盛り上がらない、という人は多いと思います。その最大の理由は、自分から「交流」をしていないことです。

SNSで成功する秘訣《ひけつ》は、「情報発信」だけではなく、「交流」をしっかりすることです。

では、具体的にどのように交流していくのか。交流のために、どこに何を書けばいいのか。読者と交流し、その関係性を深める「交流ライティング」について、具体的に説明していきましょう。

オープンな場で交流して関係性を広める

「オープンな交流」と「クローズドな交流」の違い

Twitter や Facebook などソーシャルメディアでの交流の方法は、大きく「オープンな（開かれた）交流」と「クローズドな（閉じた）交流」に分けられます。

「オープンな交流」とは、公開の場での交流、やりとりで、誰でも見られる交流です。Twitter でいうなら、リツイートとリプライであり、Facebook では「いいね！」、コメント、シェアなどを指します。

これに対して、「クローズドな交流」とは、非公開の場での交流で、そのやりとりは当事者同士以外は見られないような交流です。Twitter でいうなら、ダイレクトメッセージであり、Facebook でいうなら、メッセージに相当します。Twitter のダイレクトメッセージもFacebookのメッセージも、メールと同じようなもので、当事者間でのシークレットな連絡ツールであり、第三者はメッセージを送り合ったかどうかさえ、知ることはできません。

私が、「ソーシャルメディアで交流しましょう」という場合の交流は、「オープンな交流」のほうを指しています。「クローズドな交流」というのは、ソーシャル的ではありません。クローズドな交流は、メールでも代用できるわけで、「ソーシャルメディアでしかできない交流」ではないからです。

ソーシャルメディアでは数千人と同時交流できる可能性がある

私はセミナーを定期的に開催していますが、セミナーの最後に質疑応答の時間を設けています。当てられた参加者Aさんは、マイクを持って私に質問します。私は、マイクでAさんのその質問に答えます。セミナー会場に１００人の人がいるならば、私とAさんのやりとりを１００人が注目して聞いていることになります。

Aさんと樺沢が1対1で会話をしているように見えて、実はたくさんの人が周りでそれを聞いている。これがまさに、「オープンな交流」そのものです。ソーシャルメディアでの交流も、これをイメージすればわかりやすいでしょう。

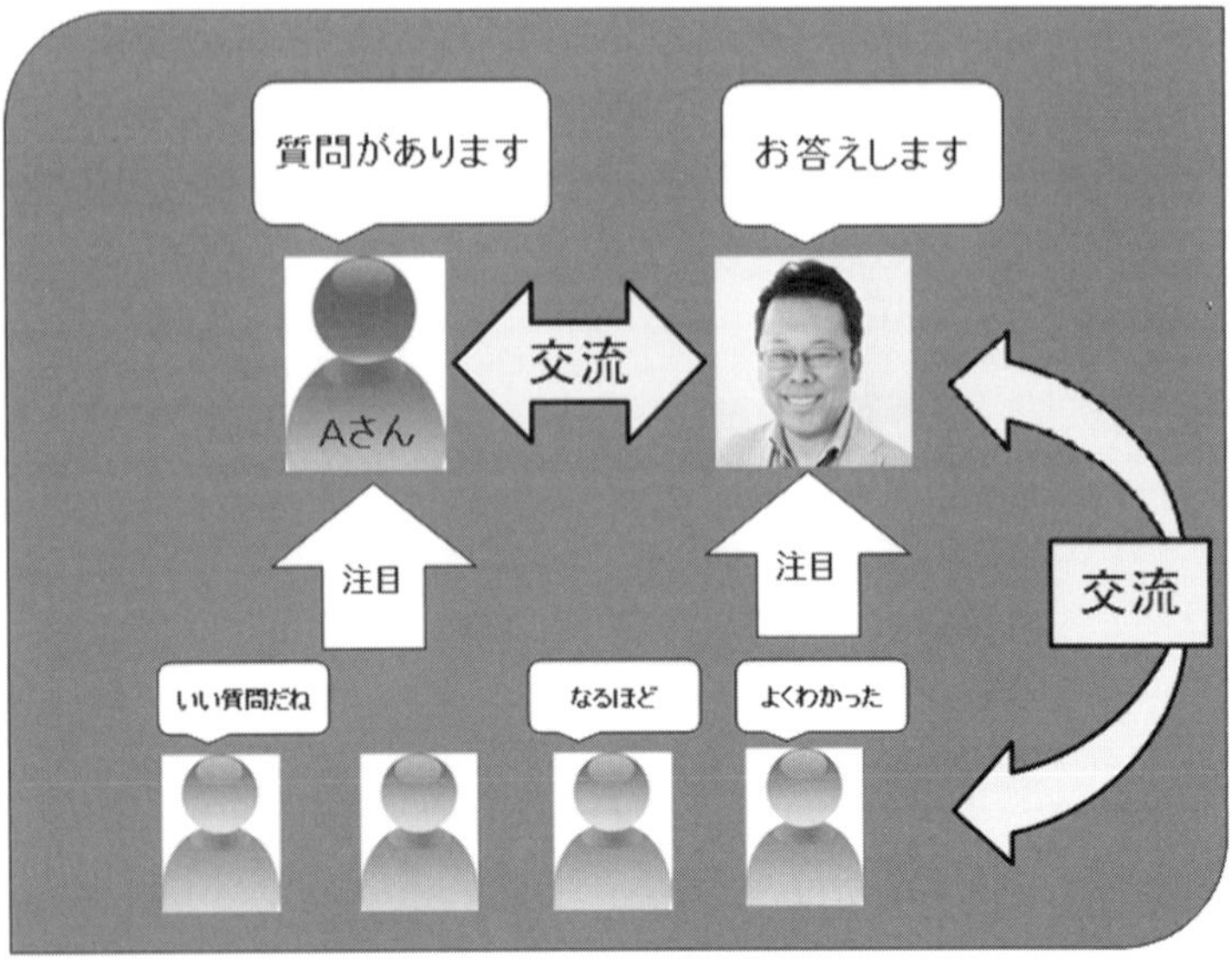

「オープンな交流」

　私がFacebookに投稿した記事に対して、コメント欄でAさんが私に質問します。私は、その返信を書きます。私の投稿には約３００の「いいね！」がコンスタントに付きます。私の投稿を見た人のうち少なくとも10人に1人は「いいね！」をしていると考えると、約３０００人の人が、1つの投稿を目にすることになるのです。

　つまり、**Aさんと私がFacebook上でやりとりし、交流する。その交流は、なんと３０００人もの人が見ている可能性がある、ということなのです。**これこそが、「オープンな交流」ということ。２人のやりとりが、完全にオープンになっています。

オープンな交流には、「広がり」がある

３０００人のなかには、Ａさんと同じ疑問を持っている人もいるでしょうから、２人のやりとりを読んで、「非常に参考になった」「とても勉強になった」と思う人も出てくるでしょう。あるいは、それを読んだＢさんが、「別の場合はどうなのでしょうか？」と、さらに深掘りする質問をしてくるかもしれません。そうすると議論はより深まりますし、ＡさんとＢさんとの間で交流が発生するかもしれません。

「オープンな交流」をすることで、交流の輪が見ている人全員に波及していくのです。

１対１の交流をしているようで、実は３０００人の人たちに交流が広がっていた。これは、凄いことです。１対３０００の交流はあっても、３０００人同士が相互に交流することは、リアルではできないのです。

私たちは、たくさんの人たちとできるだけ深く交流したい。結果として、多くの人から好意を持たれたい、たくさんの人から「信頼」されたい、と思ってソーシャルメディアを使っているはずです。

そうした目的から考えると、ソーシャルメディアで交流する場合、「オープンな交流」

と「クローズドな交流」のどちらをメインにするべきかは、自ずとわかるはずです。

ただし、ソーシャルメディア上に個人情報を出してしまうと、数千人、あるいはそれ以上の人に見られる可能性があります。ですから、電話番号、住所といった個人情報についての話や、第三者に知られたくないプライベートな話は、「オープンな交流」の場でするべきではありません。シークレットの話をするときは、当然、「クローズドな交流」の場で行うべきです。

そうした「非公開」のやりとりをするための機能として、Twitter のダイレクトメッセージや Facebook のメッセージが用意されているのです。

ポジティブな話題は、オープンな場で共有しよう

私が Facebook に関するセミナーを開催すると、その翌日にたくさんの方から Facebook でメッセージをいただきます。「昨日、樺沢さんの Facebook セミナーに参加させていただき大変勉強になりました。今まで参加した Facebook の勉強会のなかで一番ためになりました」といったメッセージをいただくこともあります。

こうした感謝のメッセージは、大変うれしいものです。でも、「メッセージ」として送る以上、それは私しか読むことができません。私としては、Facebook のウォールに書い

ていただくと、それを数千人が見る可能性があるわけですから、そちらのほうが何倍もうれしいのです。

「ありがとうございます」「勉強になりました」といった感謝の言葉は、Facebook上で目にすると心が和みます。Aさんが樺沢に対して「ありがとうございました」という言葉をウォールに書いたとします。それを見ていたBさんは、決して悪い気分にはなりません。むしろ温かい気持ちになるでしょう。

感謝の言葉を送られた当事者も、そしてそれを読む第三者も、「オープンな交流」で目にしたほうが、メリットがあるのです。感謝の言葉を送るのなら、メッセージで送る「クローズドな交流」よりも、ウォールに書く「オープンな交流」のほうがいいと思います。

ネガティブな話題は、クローズドに行う配慮をしよう

また、これと反対の場合もあります。私のセミナーの翌日に、Cさんが「昨日のセミナーで、樺沢さんが1箇所、間違いをしていたので指摘させていただきます」という書き込みをウォールにしたとします。

Cさんは、樺沢に間違いを教えてあげようという親切心から書いただけで、決して嫌がらせをしようと思ったわけではないでしょう。

しかし、その書き込みは数千人の人が目にするわけです。それを読んだ人はどう思うでしょう。「樺沢は、偉そうなことを言っているが、結構、間違えるんだな」「ああ、たいしたことのないセミナーだったんだ」と思うかもしれません。その書き込みによってネガティブなイメージを与えます。さらに、「こんなところに嫌がらせを書くとは、Cさんも少し考えればいいのに」と、書き込みをした人自身も、マイナスイメージで見られてしまう危険性すらあります。

ウォールに書き込まずに直接メッセージをいただければ、樺沢はCさんに「重要な間違いを指摘していただきありがとうございます」とメッセージを返信し、Cさんに感謝すると思います。それが、ウォールに書かれてしまったせいで、「メッセージで送れば済むことを、ウォールに書いて何千人もの人に晒《さら》すとは、Cさんはひどい人だ」と思ってしまうかもしれません。

同じ内容を、「クローズドな交流」で伝えるか、「オープンな交流」で伝えるか。それによって、相手や第三者に与える印象が、全く正反対になってくる、ということです。

Facebookでは、このように直接メッセージで送ればいいことを、わざわざウォールに書き込んで波風を立て、さらに自分のイメージまで下げている方をよく見かけます。

自分が書く内容は、何千人もの前で話すべきことなのか、そうではないのか。

1秒考えればわかると思いますので、注意して書き込みましょう。

「交流」すればするほど、口コミが発生する

ソーシャルメディアでのオープンな交流のおもしろさは、そこに第三者が入り込める余地があることです。

パーティー会場で、最初、2人の人が会話をしている。おもしろそうな話だと、周りの人が聞き耳を立て、人が集まり、やがて会話に参加してくる。そのうちに、たくさんの人だかりができていた、ということがあると思いますが、それがソーシャルメディアでの「交流」のイメージだと思います。

つまり、コミュニケーションの輪が広がるということ。Twitterであれば、リツイートによって自分のフォロワーに広がり、Facebookであれば、「いいね!」、コメント、シェアによって自分の「友達」にそれが広がっていきます。

それは「口コミ」の発生ともいえるでしょう。興味深く、おもしろく、人の役に立つ、ためになる話題というのは、「交流」を盛り上げ、結果として、それが多くの人に伝わっていく。つまり、**ソーシャルメディアでの「交流」は、1つの口コミ発生装置である、といえるのです。**

さらに、ソーシャルメディアでの交流というのは、お互いのメディアにアクセスを送り合う行為ともいえます。

ソーシャルメディアで情報発信をしている者にとって、アクセスが増えることほどうれしいことはありません。アクセスが増えるということは、たくさんの人に読んでもらえるということ。投稿に共感した人は、Twitterならフォロワーになり、Facebookなら友達やファンになってくれるでしょう。交流すればするほど、フォロワーやファンが増えていくのです。

交流すればするほどお互いにアクセスが流れるということですから、まさにそれは幸福を与え合うような行為です。**相手にも喜ばれながら、自分もアクセスをもらい、フォロワーやファンを増やせるのですから、こんなに素晴らしいことはありません。だから、ソーシャルメディアでは、「交流」を活発に行うべきなのです。**

Twitterならダイレクトメッセージ、Facebookならメッセージ。こうしたクローズドな交流では100人に100通のメッセージを送ったとき、その100人との交流は深まるかもしれませんが、メッセージを送った相手以外からアクセスが流れてくることはありえません。もちろん、フォロワーやファンが増えることもありません。アクセスアップという観点から見ると、貢献度はゼロ、ということになります。

同じ内容、同じテキストを送り合っているのに、「クローズドな交流」と「オープンな交流」では、これほどの違いが出てくるのです。ですから、プライベートな話題や個人情報をやりとりするなど特別な場合をのぞいて、ソーシャルメディアでの交流は、オープンなコミュニケーションを基本とするべきなのです。

まず自分から交流して輪を広げる

なぜあなたの投稿には、「いいね!」やコメントが少ないのか?

Facebookを始めたばかりの頃、あなたは思うはずです。他のユーザーを見ると、1つの投稿に「いいね!」やコメントが20～30件も付いている。一方、自分の投稿にはほとんど付かないのはどうしてだろう……と。自分もたくさん「いいね!」やコメントが欲しい。「そのためには、どうしたらいいんだろう?」と思います。

「いいね!」とコメントをたくさんもらう方法。それは、あなたから先に「いいね!」をクリックし、あなたから先にコメントをすることです。

「いいね!」が得られない人は、ほぼ例外なく「いいね!」をクリックしていないのです。1日100回他の人の記事に「いいね!」をクリックしているのに、自分の記事に「いいね！」が1つも付かない、ということはありえないのです。

実際、「いいね！」やコメントが付かない、と悩んでいるFacebook初心者に、1日で何回くらい「いいね！」をクリックしているのか尋ねてみたところ、ほとんどの人は2～3回しかクリックしていませんでした。コメントにいたっては、ほとんどの人が「したことがない」という返答でした。

朝、会社に出勤します。あなたは、黙ったまま誰にも挨拶をしません。そんなあなたに、向こうから「おはようございます」と挨拶をしてくれるでしょうか。

逆に、朝、会社で会った人全員に「おはようございます」と言ってみましょう。ほとんどの人、あるいは全員が、「おはよう」と挨拶を返してくれるのではないでしょうか。これを毎日繰り返していれば、あなたから「おはようございます」と言わなくても、向こうから挨拶をしてくれるようになります。

挨拶というのは、「交流」です。いつも挨拶をしてくれる人には、自分からも挨拶をしたくなるのです。Facebookでの「いいね！」やコメントにおいても全く同じことです。

まず、「いいね！」やコメントを自分からしてください。それを1週間続けると、自然にあなたの記事にも「いいね！」やコメントが増えていきます。

そうすると、楽しくなって「いいね！」をたくさんクリックし、常にコメントも入れるように習慣化されてくる。やがて、あなたの投稿にもたくさんの「いいね！」やコメントがあふれかえるようになるのです。

スパム的な交流はアカウント停止になる！

「いいね！」をたくさんクリックすると、「いいね！」がたくさん返ってくる。この話をすると、「いいね！」を連打する人が必ず現れます。記事を読まずに、かたっぱしから「いいね！」をクリックし続ける。それは、交流ではありません。スパム行為です。

あなたは、記事を読みもしないのに、「いいね！」だけをクリックされてうれしいでしょうか。全くうれしくないと思います。ソーシャルメディアでは、自分がされて嫌なことは、人にすべきではありません。

ちなみに、短時間に大量の「いいね！」をクリックすると、Facebookからスパムと認定され、コメント書き込み不能などの機能制限を受けることがあります。それでも無視して「いいね！」をクリックするとアカウントが削除される危険もあります。ですから、「いいね！」をむやみに連打するのは、絶対にやめてください。

「いいね！」というのは、「読んだよ」といった程度の意味です。自分が読んで賛同できる記事には、ドンドン「いいね！」をクリックしていきましょう。

私は自分が読んだ記事の90％くらいに「いいね！」のクリックをしています。そうした普通の使い方をしていれば、全く問題ないのです。

「返報性の法則」をマスターしよう

挨拶をされると、挨拶を返したくなる。コメントを入れてくれた人に、コメントをお返ししたくなる。その理由は、「返報性の法則」という心理法則によって説明できます。

人は他人から親切にしてもらうと、親切をお返ししたいという思いを抱きます。これを「返報性の法則」といいます。人に親切にして欲しければ、まず自分から人に親切にすること。人から何かを与えて欲しければ、まず自分から先に与えること。受け取ることばかりを考えている人に、何かを与えてくれる人などいないのです。

「返報性の法則」はリアル社会ではもちろん、ソーシャルメディアにおいても、見事に当てはまります。あなたがある人の記事にいつもコメントをしていれば、その人はあなたの投稿を見かけたとき、思わず記事を読んでコメントを入れたくなるのです。

ですから、Facebookのニュースフィードで友達の投稿を見かけたら、ドンドン「いいね！」をクリックしましょう。そして、できるだけ「コメント」を書き込みましょう。それが、Facebookにおける「交流」です。

これを繰り返していくと、楽しくてしょうがなくなります。「返報性の法則」が働き、たくさんの人たちが自分の投稿を読んでくれて、「いいね！」をクリックしてくれて、感想を残してくれるわけですから。そして、たくさんの人たちとの人間関係が深まっていくのを実感するはずです。

ソーシャルメディアの世界では、何もしないでただ待っているだけでは、何も起こらないのです。まず自分から、「いいね！」のクリックやコメントの書き込みをして、先に交流を進めていかなければいけません。

喜ばれる「スピード交流」を意識する

すぐに反応があると、すごく「うれしい！」

あなたが、Facebookに記事を投稿する。そして、30秒もしないうちに「いいね！」がクリックされたなら、とてもハッピーな気分になりませんか？ そして、3分もしないうちに、コメントが書き込まれる。「今、ニュースフィードに流れたばかりの自分の記事を読んで、すぐにコメントを書いてくれたんだ！ ありがたいなあ」と思うでしょう。

ソーシャルメディアで成功するコツは、自分がやってもらってうれしいことを、まず自分から先に行うということです。ですから、「いいね！」のクリックやコメントをするのなら、できるだけ早くしたほうがいいのです。

せっかく友達の投稿を読んでも、「後から少し長めのコメントをしよう」と後回しにしてしまうことがあるかもしれませんが、**「30分後の10行コメント」より、「投稿直後の1行コメント」のほうが、人はうれしいのです。**

なぜならば、今、ニュースフィードに流れたということは、今、投稿したばかりだということ。つまり、今、書き終わったばかりのはずです。投稿するときは、これを読んだ人は、どう思うだろうか、「いいね！」やコメントがたくさん付くだろうか、という気持ちを必ず持っています。

その矢先に、「いいね！」やコメントが、いきなり付くのです。それは、とてもうれしいことです。

30分後に10行のコメントを残したとしても、そのとき、投稿者はFacebookにログインしているとは限りません。つまり、投稿から30分後にコメントをすると、それが読まれるのは何時間も後になってしまう可能性もあるかもしれないということです。

パソコン関係の仕事をしているような特殊な人は別として、日中の時間帯に、何時間も連続してFacebookにログインしている人は少ないでしょう。だいたい自分の本職を持っていて、休憩時間や昼休み、移動時間などにソーシャルメディアをチェックするという人がほとんどです。

投稿から3分以内にコメントをしたとすれば、投稿後即ログアウトしていない限りは、今書いた熱々のコメントを、熱々の状態で読んでもらえるのです。30分後に長文のコメントを入れたとしても、それは食べられずに放置されたピザのようなもの。相手の口に入るときはカチカチになっているでしょう。

スピード感で「今」を共有する

ソーシャルメディアでは、「情報伝達」においても「交流」においても、スピードが重要です。Twitter は特にそうですが、Facebook も2011年秋からのリニューアルで、「今」投稿された情報が優先してニュースフィードで読めるようになりました。「今」投稿された「情報」や「近況」を、「今、共有している」ということが、おもしろさの根幹にあるのです。いうなれば、「共時性」が大切です。

「今投稿したものに、今反応が返ってくる」ことが、Facebook や Twitter の最大のおもしろさです。そのおもしろさをフルに生かして、他の人を楽しませ、喜ばせるために、「スピード交流」を意識してください。

Facebookで投稿を読んだらすぐに「いいね！」をクリックしコメントをする。Twitterならリツイートやリプライをする、ということです。

早ければ早いほど、それは「濃い交流」といえます。スピード交流を続けていくと、たくさんの人と、ドンドン濃いつながり方ができていくのを実感するはずです。

もちろん、このスピード交流を1日中続けろ、という意味ではありません。私もスキマ時間にログインすることが多いのですが、ログインするたびに最低、2人以上の人の投稿にコメントするということを自分のルールにしています。どの投稿にコメントするか迷った場合は、最近の投稿を優先してコメントするようにしています。

大量のコメントをもらい、ウォールに「行列」を作る

あなたの投稿にコメントが付かない理由

最初の頃はFacebookに記事を投稿しても、コメントが全くといっていいほど付かないものです。なぜだと思いますか？　それは、あなたの記事に、誰もコメントを付けていないからです。

コメントが付かない理由が、「誰もコメントを付けていないから」では、説明になって

いないように思うでしょうが、まさにそれが本質的な答えなのです。

あなたが知らないラーメン屋に入ろうと店の中をのぞきました。ランチタイムだというのに、誰もお客さんが入っていません。あなたは、その店に敢《あ》えて入るでしょうか？　客がいないのには理由がある。「多分、おいしくないのだろう」と思い、入るのをやめると思います。

その隣に、別のラーメン屋がありました。ほぼ満席で大変賑《にぎ》わっています。「これだけ混んでいるということは、おいしいに違いない」とあなたは迷わず入店するはずです。

あなたは、誰も書き込みをしていない掲示板に、最初に書き込んだことが何回ありますか？　あるいは、誰もコメントを付けていない記事に、率先してコメントを付けたいと思いますか？　客のいないラーメン屋に進んで入りたいと思う人がいないように、誰もコメントを付けていないウォール、掲示板に最初に書き込むのには勇気がいるのです。

私は、セミナーや講演会の最後に、「質問はありませんか？」と声をかけます。最初は、挙手する人が誰もいなくて困る場面があります。しかし、2人目からは、少しずつ手が挙がるようになります。そして、3人目、4人目になると全員の質問に答えられなくなるほど、質疑応答が盛り上がります。みなさん質問したいことがないわけではなく、最初に質問するのが、気が引けるだけなのです。

最初の1人が重要なのです。質疑応答でも、ラーメン屋でも、コメント欄でも。

最初の1件の後は、コメントは加速度的に増える

ウォールのコメント欄や掲示板に最初に書き込むのには、非常に勇気がいります。しかし、10人以上が書き込んで、既に盛り上がっているウォール、掲示板には、自分も仲間に入れて欲しくなって、率先して書き込みたくなるのです。

最初に2~3件のコメントが入れば、その後、10件くらいまで次々とコメントが付いて、コメント欄は大いに盛り上がります。しかし、最初の1件が付くまで1時間以上、場合によっては何時間もかかったりする場合は、結局のところ、コメントがあまり付かずに、盛り上がらないまま終わってしまいます。

あなたの投稿にコメントが10件以上付くのと、コメントが1つも付かないのとでは、どちらがいいですか？　いうまでもないでしょうが、ネガティブなものでない限り、コメントはたくさん付いたほうがいいと思います。

では、**コメントをたくさんもらうにはどうすればいいか。それは、最初の1件のコメントをできるだけ早くもらう、ということです。**それによって、場が和み、書き込みやすくなりますから、後は自然にコメントが書き込まれるでしょう。

「千と千尋の神隠し」に学ぶ、投稿直後、一瞬にして最初のコメントを得る方法

投稿してからできるだけ早く、2～3件のコメントをもらうことが、コメント欄を盛り上げるコツです。**実は投稿直後、1分以内に、最初のコメントを100％もらう方法があります。**「100％というのはいいすぎじゃないの？」と思う人もいるかもしれませんが、間違いなく、確実に、100％の確率で、投稿後1分以内に最初のコメントを得ることができます。

それは、最初のコメントを自分で書き込む、ということです。

自作自演じゃないか、と思うかもしれませんが、この最初の1件目のコメントがあるかないかで、その後の書き込まれ方のスピードが全く変わってくるのです。

例えば、記事を投稿した直後に、「あなたは、どのように考えますか？　あなたの考えを是非書き込んでください」とコメントを書き加えます。

宮崎駿監督作品の映画「千と千尋の神隠し」の1シーン。千尋は雨のなかで寂しげにたたずむカオナシに言います。「そこ濡れませんか？　……ここ、開けときますね」と。カオナシはその言葉に招き入れられて、油屋に上がります。

コメントを書くというのは、人のスペースに書き込むわけですから、人のうちにお邪魔するようで少し気が引けるのです。「ここ、開けときますね」とか、「どうぞお上がりくだ

さい」という一言があると、気兼ねなく上がれます。

ですから、ソーシャルメディアの場合も、「ここ、開けときますね」の一言、つまりコメントを歓迎する言葉があるかないかで、その後にコメントする人の数が、大きく変わってくるのです。

読者からの最初の書き込みに、すかさず返信する

1つ目の書き込みは自分で書いていいのです。

そうすると、読者が書き込みをしやすくなり、すぐに読者からの書き込みがあるでしょう。新規の書き込みがあった場合、できるだけ早く、「○○さん、コメントありがとうございます……」と、コメントへの返信を書き込みましょう。

そうすると、この段階でコメント数は3件になっていますので、「盛り上がり感」が出始めます。

「コメント仲間」を増やそう

あなたの親しい友人でFacebookをしている人を2人見つけてください。そして、お互いに新規投稿した場合、「できるだけ早く、コメントを書き込み合おう」という約束をし

ておきましょう。そうすると、あなたが投稿したときその2人がログイン中であれば、コメントが2件入ります。それに対してそれぞれ返信すると、コメントは5件以上になっているはずです。

必ず返信しようと約束するのは気が引けるという人は、自然な形で、お互いにすぐにコメントを書き込み合える友達を、1人、2人と増やしていきましょう。

あるユーザーが投稿した場合、必ずコメントを付けるようにすると、向こうもコメントを自然に返してくれるようになります。日頃から、コメントをまめに付けているだけで、コメント仲間は自然と増えてくるでしょう。

そういうコメント仲間が増えていくと、投稿してから1時間も経たずに、10件のコメントが入る、という状態を実現できるようになります。

コメントを歓迎する1文を加える

コメントを書き込みやすくする、非常に簡単な方法があります。記事の最後に、コメントを歓迎する文章を1行書き加えるのです。

「あなたは、どう思いますか?」「○○について、みなさんも意見を書き込んでください」「遠慮なくコメントしてください」……。

これを書き込むと、書き込まない場合に比べて、間違いなくコメントの数は増えます。

「遠慮なくコメントしてください」と書かれていれば、「書き込みたいけど、迷惑じゃないかな」という迷いが払拭されるからです。

ただし、全ての投稿の最後にこの1文が入っていると、非常にいやらしい印象を与えますから、あまりやりすぎると効果も薄くなってしまいます。

読者の感情をゆさぶり、自分の意見を書きたくなるようなしっかりとした、渾身《こんしん》の力を込めたコンテンツを書く。その上で「コメントをお願いします」と添えるというのが礼儀でしょう。

効果的にFacebook上のコメントを運用する ～「コメント・ブランディング」

「コメント・ブランディング」を意識して日々コメントする

Facebookのウォールに書かれた内容が、そのまま自らのブランディングになる「ウォール・ブランディング」を説明しました。ウォールというのは、自分が投稿した記事のみならず、その下に続く「コメント」欄も含めたものです。

「コメント」とは、ファンや友達が書き込んだコメントであり、そのコメントに対する返信のこと。その両方が、あなたのイメージを決定します。

好意的なコメントがたくさん付いていれば、それはあなたのポジティブなイメージになります。そして、まめに返信をしていれば、「非常に熱心に交流をする人だ」とますますポジティブなイメージで見られるでしょう。

あるいは、投稿しっぱなしで、コメントに1つも返信をしないと、「この人は、交流をしない人なのか。返信もないから、もうコメントをするのはやめよう」と思われるかもしれません。コメントを書き込んだ人のみならず、それを閲覧する人全員がそういうイメージを持つかもしれないのです。

ですから、「ウォール・ブランディング」と同様に、どのように返信して「コメント」欄を含めたブランディングをしていくか、「コメント・ブランディング」というものを意識して、日々のコメントを書き込むべきなのです。

全てのコメントに返信するべきかいなか

「コメントをもらったら、全てのコメントに返信するべきでしょうか？」という質問をよく受けます。結論からいえば、書き込まれたコメントには、できるだけ返信したほうがいいでしょう。最初のうちは、ほとんどの人は付くコメント数も少なく、せいぜい10件以下だと思います。このようにコメント数が少ない場合は、できるだけ全てに返信しましょう。コメントを書いてくれる人は、何を目的にコメントを書くのでしょうか。「交流」したいからです。交流とは、「互いに行き来する」という意味ですから、一方的なアプローチでは「交流」にはなりません。

あなたが情報を発信する。読者がコメントを書く。そして、あなたがコメントに返信を書く。これで、はじめて双方向の「交流」が成立するのです。ですから、「交流する」という観点から考えると、できるだけコメントへの返信をするように意識するのがいいと思います。

ただ、ネガティブなコメントや、返信に困るような微妙なコメントというのも、ときどきあります。返信するのに気が向かない場合もあるでしょう。私は、そういう場合は、スルーします。スルーするというのは、何もしないということです。

ネガティブなコメントに対して反論すると、さらに反論が返ってきて、場が荒れることもあります。ネガティブな発言に対しても丁寧な返信をすることはいいことではありますが、ネガティブな発言をする人は、丁寧な返信に対してもネガティブな受け止め方をすることが少なくありません。

コメントに対して全て返信しないといけないというルールはありませんし、返信したいコメントから優先して返信するのは当然。スルーしても責められる理由はないでしょう。

私の場合は、１つの投稿に対して、コンスタントに20～30くらいのコメントが入ります。多いときは、１００を超えます。１日何度も投稿するわけですから、全員にコメントをお返しする、というのは非常に難しくなっています。そこで、「ログインするたびに、２人以上に返信する」というルールを決めて、自分の心に響いたコメントや、どうしてもお答えしたい質問、最近投稿されたコメントなどを優先して、それらから返信をしています。

どの程度コメントを返すのかは、書き込まれるコメント数と自分の忙しさとを考えて、自分なりのルールを作り、できる範囲でたくさん返信するのがいいでしょう。

返信の連続投稿は見苦しい

コメント欄に、そのページの管理人が書いた、コメントへの返信が10件ほど連続して投稿されているのを見かけます。おそらくは仕事で忙しく、帰宅後にまとめてコメント全てに返信をしているのでしょう。

全てのコメントに返信するのは素晴らしいことなのですが、それが10件も連続してしまうと、非常に読みづらくなってしまいます。そもそもどのコメントに対する返信なのか、元コメントがどこにあるのかがわからなくなり、第三者は読まなくなります。

できれば、スキマ時間を利用して1日2～3回はログインしてチェック、返信は分散して行い、返信の連続投稿が多くなりすぎないように注意してください。

相手のコメントを適切に引用すると読みやすい

「＞佐藤一郎さん　私もそう思います」

と、コメントへの返信を書く場合があります。

コメントとそれに対する返信が連続している場合はこの書き方でもいいのですが、佐藤一郎さんの後に他の人のコメントが何件か挟まってしまうと、第三者には何のことなのかよくわからない返信だらけになってしまいます。佐藤一郎さんの元コメントを読んではじめて、意味が通じるわけです。

佐藤一郎さんの元コメントから必要な部分を抜粋、引用して返信すると、第三者にも意味が通じやすくなります。

「＞佐藤一郎さん

＞子育てにおいては、父親の役割も非常に重要です私もそう思います」

と書いたほうが、親切だということです。

ご存じかとは思いますが、「＞」は、メールの返信でよく使われる「引用」という意味です。先ほどの例の場合、「子育てにおいては、父親の役割も非常に重要です」という部分が佐藤さんの元コメントに当たります。元コメントを引用する場合、３行程度であれば、そのまま全文を引用してもいいでしょう。

しかし、元コメントが10行を超えるような長い文章の場合、全文を引用するとその長文のどこに同意しているか、その長文のどの質問に答えているのか、わかりづらくなってしまいます。そういう場合は、全文を引用するのではなく、必要な部分だけを引用するようにしたほうが、第三者が読みやすくなります。

交流というのは、「管理人（投稿者）」と「読者（コメントした人）」とのやりとりのように思えますが、それをただ読んでいるだけの「読者」が、想像以上にたくさんいます。場合によっては、数百人から千人以上にもなります。**コメントを書き込んだ相手だけではなく、そうした「読むだけの読者」にも、わかるように配慮し返信することが重要です。**

コメントを好んで読む人も多いので、コメント欄が読みやすく整理されていれば、さらに新しいコメントが付く可能性が高まります。

不適切なコメントは削除してもいいのか？

コメント欄にネガティブなコメントが書かれた場合、削除したいと思うかもしれません。あるいは、削除していいかどうか、迷うところです。

世の中にはたくさんの人がいますから、自分の考え方と違う人というのは必ず存在します。反対意見や反論などが出るのは当然のことなので、一喜一憂することもありませんし、ネガティブな発言を全て削除するようなことは、しないほうがいいと思います。

ただ、反対意見、反論、批判といった枠を超えて、ひどく感情的になった文章や、論理的根拠もない「誹謗《ひぼう》中傷」に近い文章などは、管理人の自分が不快な思いをするだけではなく、その他の読者も不快になるでしょう。

反論や批判という枠を超えた過剰で過激な文章は、「迷惑な投稿」「不適切な投稿」と判断できますから、そうしたものに関して削除するのは、管理人として当然のことだと思います。

「不適切な投稿」の他の例として、元の投稿と全く無関係な投稿、というのもあります。

例えば、ニュース記事を紹介した投稿の下に、「友達リクエストを承認してくださりありがとうございます」とお礼のコメントが入るようなことがあります。お礼を言いたい気持ちは素晴らしいことですが、元投稿の内容とは全く無関係ですから、元投稿と他の人のコメントとの流れを遮断してしまいます。本人には全く悪気はないのでしょうが、そういう意味で「不適切な投稿」になるのです。

その場合、「友達リクエストを承認してくださりありがとうございます。このニュース記事には、私も大変興味を持ちました」のように、元投稿に対するコメントを1行書き添えれば、違和感なく溶け込みます。

また、どうしてもお礼だけ述べたいけれどウォールに書き込む適当な場所がない、というときには、メッセージで送ればいいのではないでしょうか。

あるいは、URLを含んだ売り込み的なコメントは、「不適切な投稿」「迷惑な投稿」の典型的なものです。こうした投稿が繰り返される場合は、削除するのみならず、「友達」をやめたり、あるいは、ひどい場合は「報告またはブロック」から、スパム報告をしたり、「ブロック」するといいでしょう。

ブロックされたユーザーは、ウォールに投稿することができなくなりますので、迷惑行為が繰り返されることを防ぐことができます。

コメントの書き方を工夫して好感度を上げる

自分からコメントを残して交流する

これまで自分の個人ページや自分が管理人をつとめるFacebookページのコメント欄をどう運用するのか、という話をしてきました。

自分の投稿に付いたコメントに返信するだけではなく、他の人が投稿した記事や、他の人のFacebookページにコメントを残す、ということも積極的にやっていくべきです。それが、自分から交流することですから。

以下、他のページにコメントする場合、どのようなコメントが好ましいのか、あるいは、不適切なコメントとはどのようなものかについて、説明したいと思います。

「できるだけコメントを残す」と決めておく

Facebook上であまり親しくない「友達」の記事や、初めて訪れたFacebookページにコメントを残すのは、抵抗があるものです。

私の調査では、ページビューに対して、10人に1人が「いいね！」をクリックし、100人に1人がコメントを残しています。つまり、コメントは、「いいね！」のクリックよりも10倍も敷居が高い、ということになります。

しかし、情報発信者（管理人）の立場でいえば、「いいね！」をクリックされるよりも、コメントをしてくれたほうがうれしいですよね。ただクリックをするだけの「いいね！」よりも、具体的に文字を書き込むコメントのほうが、より濃いコミュニケーションを生むことはいうまでもありません。

ソーシャルメディアでの成功法則は、「人が喜ぶことを、まず自分からする」ということ。**自分がコメントをしてもらってうれしいということは、コメントをすると相手は喜ぶということです。せっかく投稿を読んだのですから、相手に喜んでもらうためにも、可能な限りコメントを残すべきなのです。**

そうはいっても、読んだ投稿全てにコメントを残すことはできません。私の場合は、ログインするたびに、必ず数人にはコメントを残すようにしています。１日20から30くらいはコメントを残している、そのくらいのイメージです。

結局のところ、普段自分がコメントをしている相手が、自分の投稿にコメントを残してくれるようになります。全て自分に返ってくると思って、時間の許す限り、可能な限りコメントを残すようにしたほうがいいでしょう。

投稿後、早くコメントするほど喜ばれる

「スピード交流」の項目でも書いたように、自分が投稿してすぐにコメントが付くと非常にうれしいものです。

ですから、ニュースフィードの上位に表示される「新しい投稿」に対して、すかさずコメントを入れるクセをつけましょう。

最初のコメントは、投稿者にとってその他のコメントより数倍うれしいものです。コメントを残した相手とより交流が深まること、間違いありません。

鉄板の「共感コメント」で100％喜ばれる

投稿を読んだ人の100人に1人しかコメントを残さない、というのは、コメントを残すことに「心理的抵抗」を感じているためだと思われます。その「心理的抵抗」とは、「下手なコメントを残して、相手に嫌な思いをさせたくない」とか「前後の脈絡と外れた、〝KY〟なコメントをしたくない」といった気遣い、遠慮ではないでしょうか。

Facebookでコメントを残す場合、「絶対に喜ばれる鉄板コメント」というものがあります。この手のコメントであれば、絶対に嫌がられることはなく、喜ばれること間違いありません。

具体例を挙げましょう。

近況などに対しては、「私もそう思います」「いいですね」「全く同感です」「激しく同意します」……。

おいしそうなグルメ系写真の投稿に対しては、「私もよく行きます」「そのお店、私も大好きです」「このお店、本当においしいですね」「写真が、めっちゃおいしそう」……。

青空や朝日、夕日などのきれいな写真の投稿に対しては、「この写真、本当にきれいですね」「美しい！」「この写真で、癒されました」「和みます」……。

相手の投稿に対して、「私もそう思います」といった「共感」を示すコメントを残す。

これを私は、「共感コメント」と呼んでいます。ソーシャルメディアで一番重要な感情は何だったでしょう。そう、「共感」です。つまり、何かを投稿して「共感される」ということが、ソーシャルメディアの情報発信者にとって、最もうれしいことなのです。

「共感コメント」を書き込まれて嫌な思いをする人はいませんので、堂々と自信を持って書き込んでください。自分の共感を示す。それだけで、相手をハッピーな気持ちにすることができるのです。

Facebookを見ていたら、「そうだ、そうだ」と思う瞬間は、いくらでもあるはずです。ですから、「そうだ」と共感したときは、「いいね！」のクリックだけで終わるのではなく、共感コメントを残してください。**何か情報を発信し、読み手がそれに「共感」する。そして、「共感コメント」を残す。これで、はじめて「交流」が生まれるのです。**

もちろん、「自分の言葉」「自分らしい表現」でコメントを書き込んだほうがいいに決まっていますが、最初は「私もそう思います」といった1行だけでもいいのです。

何度かそれをやっていると慣れてきます。また、相手とも仲良くなってきます。そうなってから、「私もそう思います」という一言に、さらに自分らしい言葉を1行程度書き加えるようにしましょう。交流は、さらに深まります。

ネガティブなコメントはしないようにする

交流の目的とは、コミュニケーションを深めることです。ネガティブな書き込みをしても交流は深まらないどころか逆効果なので、ネガティブな書き込みはしないようにしましょう。1つの判断基準は、自分がそういう書き込みをされて「うれしい」と思うかどうかです。

先方に「うれしい」と思われる書き込みをドンドンしていく。先方に嫌がられるような、迷惑がられるような書き込みはしない、これだけです。

「Facebook上のコメントは、ご機嫌取りばかりで、馴《な》れ合いだ！」という批判を読んだことがあります。そういう批判をする人は、リアルな場で、どのようなコミュニケーションをしているのでしょうか。仕事場においても、上司や同僚に対して、批判や反論を次々と投げかけ、「無理だ」「できっこない」「やってもしょうがない」とネガティブな反応を遠慮なくしているのでしょうか。友人や恋人や配偶者の言葉に納得のいかない点が１つでもあれば、いろいろと反論をするのでしょうか。おそらく、していないはずです。

ソーシャルメディアは、もはやリアル社会と同じなのです。**リアルと同じように振る舞う。リアルで発言しないこと、発言できないようなことを、ソーシャルメディアでは書かない、というのがソーシャルメディア・ライティングの基本だと私は考えます。**

普段リアル社会でしないようなネガティブな発言を、コメントでしないというのは、実に当然のことだと思います。

自サイトへのＵＲＬを張る場合は慎重にする

コメント欄に、自分のブログや自分のFacebookページのＵＲＬを張り付けていく方がいます。「……詳しくは、私のブログに書いてありますのでご覧ください」というパターンです。純粋に情報提供の意味でＵＲＬを張るのはいいのですが、どうしても自分のサイトにアクセスを誘導するためにしているように見えてしまうものです。

管理人とリアルでもお付き合いがあるとか、気心が知れていてURLを張ってもOKだという間柄であれば問題ないのですが、たいていそういうことをする人は、管理人と全く面識がなかったり、そのFacebookページのファンにもなっていなかったりします。「このページに詳しい情報が書いてあります」と、第三者のサイトやブログについて「参考ページ」を示す意味で紹介するのはいいのですが、自分のサイトのURLを張る場合は、慎重になったほうがいいでしょう。

長すぎるコメントは避ける

コメント欄に10行を超えるような、気合の入った書き込みをしてくださる方がいます。たった1行のコメントよりも、数行のコメントをいただくほうがうれしいものですが、あまりにも長すぎるコメントは読みづらいですし、やや場違いな印象を与えます。

そうした**長すぎるコメントは、「交流」目的に書き込んでいるのではなく、「自己主張」「自分のアピール」のために書いているようにも見えるのです。**

長文でも投稿記事の内容にマッチしていればいいのですが、だいたい長文の書き込みをされる方は自己主張が強く、投稿の内容とズレたことを書いてしまう場合が多いのです。長文を書くと返信がもらえる率が高まるのか、というと私は逆だと思います。管理人の心理でいえば、あまりにも長く濃いコメントに対して、たった1行の淡白な返信をするのも失礼だと思ってしまいます。後できちんとしたコメントを書こうと思って、結局書かないで終わる、ということになりかねません。

どうしても元記事に対して「自分の一家言」を述べたいという場合は、「シェア」という機能を使えばいいのです。自分の意見は自分のウォールに掲載され、自分の友達に伝わりますし、元記事の投稿者にも「シェア」したことが伝わります。

毎日、繰り返しコメントする

交流というのは、継続的に行わなければ意味がありません。「おはようございます」という挨拶を、1人の人に1ヶ月に一度だけしても意味がありませんよね。

ですから、あなたが密に交流したいと思っている人に対しては、毎日コメントを残し、毎日交流するのがベストです。

交流が深まってくれば、「コメントをしなきゃ」という義務感も消失し、仲の良い人たちと毎日コメントをやりとりし合うのが日常になってくると思います。

そうした密に交流し合える、真の「友達」や「ファン」が増えてくることは、Facebookでの大きな楽しみであるともいえるでしょう。

「スキマ時間交流」で最大の効率を引き出す

ソーシャルメディアについて最適な時間配分を考える

交流にはスピードが大切。

しかし、それを厳密に実行するとすれば、常にソーシャルメディアにログインし続けて、交流をし続けないといけない、ということになってしまいます。ほとんどの人は本業に忙しく、常時ログインしていては、本業にさしつかえるはずです。

ソーシャルメディアでの交流は非常に楽しいものですから、やり始めると止まらなくなってしまいます。1時間くらいの時間は、あっという間にすぎてしまうでしょう。

ではどのように時間配分をしていくべきか。私は、「交流」に関しては、スキマ時間を使ってこなしていく、というのがベストだと思います。

誰でも、90分に一度くらいはコーヒーブレイク的な休憩時間をとるはずです。あるいは、昼休みや電車の待ち時間、移動時間などに、スマホからFacebookやTwitterにアクセスすることは可能です。「交流」は、そうしたスキマ時間を使い、そのなかで「可能な限りスピーディーな交流を目指す」ということで十分だと思います。

「情報発信」に関してはどうかというと、私は始業直後に15~30分かけて、かなりしっかりとしたコンテンツを書くようにしています。5分、10分のスキマ時間では、読者をうならせる「濃い投稿」をするのは難しいからです。

交流にはスキマ時間を使い、随時行う。情報発信にはしっかりと時間をとる。そうしたやり方をすれば、ソーシャルメディアにかける時間が1日1時間ほどだとしても、交流とかなりしっかりとしたコンテンツの発信とをこなすことができるのです。

必要以上に時間をかけず、最大の効率を引き出すことも、ソーシャルメディア・ライティングの重要なコツなのです。

「交流」を破壊する、やってはいけない行為を頭にたたき込む

Twitter と Facebook の同時投稿はやってはいけない

Twitter と Facebook を利用する上で、やってはいけないことがあります。それは、Twitter と Facebook の連動。Twitter でのつぶやきを、そのまま Facebook に流すことです。

HootSuite などのクライアントを使い、Twitter と Facebook に同時に投稿する、とい

うことをしている人も多くいます。Twitterでの投稿は改行が入りませんし、あるいはハッシュタグや「RT」が付いていることもあります。そのままFacebookに投稿されると、誰が見ても「Twitterへの投稿だな」とミエミエなのです。何より、「Twitterより」とか「HootSuiteより」と投稿元が表記されてしまいますので、今、Facebookの画面を見ていないことが明らかになってしまいます。

なぜこのように投稿を自動化してはいけないのでしょうか。それは、自動化すると「いいね!」もクリックされませんし、コメントも付かないからです。その人は、今、Twitterの画面を見ているのであり、Facebookの画面を見ていない。コメントをしても、すぐに返信のコメントが付くということは、ありえないからです。「いいね!」やコメントをするのは、「交流」するためです。「私は今、Facebookにログインしていません!」と表明している相手に対して、「交流」しようとする気持ちが起きるでしょうか。

Twitterから Facebookに同時投稿された記事にコメントするのは、自動販売機に話しかけるようなもの。人はそこにはいないのです。機械に話しかけても、返事が来るはずもありません。

TwitterとFacebookの同時投稿は、誰も交流してくれないというデメリットをもたらすだけではなく、「手抜き」感を強烈に演出します。Facebookのウォール上で、「私は、

Twitter中心に発信しています。Facebookはついでにやっています」と宣言しているようなものなのです。

どうしてもTwitterに書いたことをFacebookでも投稿したいのなら、Twitterの投稿のなかから、1日2～3件だけ良いツイートを抜粋して、コピペしてFacebook上に流したほうが、何倍も良いのではないでしょうか。1ツイートをコピペしてFacebookに投稿するのは、パソコンなら10秒もあれば十分です。その10秒の手間を惜しむせいで、Facebookを全く反応のない、機械的な世界にしてしまうのです。

SNSのユーザーはツールや自動化を嫌う

SNSのユーザーは、ツールや自動化を嫌います。その理由は、「交流」するために、SNSに取り組んでいるから。全てをツール化、自動化したユーザーとは交流できませんし、交流する意味もありませんから、相手にするはずがないのです。

よく使われているのは、ブログが更新された場合、Twitter上に自動で更新をお知らせするツイートを投稿するサービスです。これも、ブログタイトルを含んだ定型文で投稿されますので、自動化しているのがすぐにわかります。

私の検証では、自動化サービスを使わずに、ブログへの誘導のツイートを手動で書いた場合、自動化サービスの定型文を使った場合と比べて、2〜3倍のアクセスが流れることがわかっています。

ブログを更新したら、面倒でも手動で「今、ブログを更新しました」と、紹介ツイートを書くべきなのです。1分もあればできますね。1日にブログを10回以上更新する人であれば自動化するのもわかりますが、多くの人は1日1回か2回程度の更新だと思います。つまり、同時投稿ツールを使って節約できるのは、わずかに数分なのです。

その数分の手間をケチるかケチらないかによって、あなたのメディアが活発な「交流」の場となるか、それとも荒涼とした無人地帯になるかが決まるのです。

自動投稿、予約投稿なども、同様の理由で嫌われます。Twitterのボットのようにフォローする前から自動化されているとわかる場合や、Facebookの診断系アプリのように自動化したプログラムだと最初からわかる場合は別です。

とにかくSNSのユーザーはツールや自動化を嫌います。それは、「人間不在」だからです。機械的、自動的なものは嫌われ、人間的なものが好まれます。

コツコツと時間をかけて記事を書き、時間をかけてしっかりと交流していれば、その努力はガラス張りのソーシャルメディアでは、読者に全て伝わります。あなたの地道な努力は、あなたに全て返ってくるのです。

第4章

「伝わるライティング」で読者にわかりやすく届ける

上手な文章より「伝わる」文章を心がける

ソーシャルメディアでは、上手な文章は必要とされていない

「ソーシャルメディアで情報発信をしましょう」と提案すると、「私は文章が下手なので、できません」という人がいますが、この考え方は基本的に間違っていると思います。

そもそも「書く」目的とは何なのでしょうか。それは、自分の意見や考え方を相手に「伝える」ということ。コミュニケーションの1つの方法が、「書く」ということです。つまり、自分の意見や考え方が読み手にうまく伝わっていれば、文章を「書く」目的を達成しているわけですから、それでOKです。

文章が上手であろうと下手であろうと、関係ありません。たとえ稚拙な文章であったとしても、伝えたいことが相手に伝わっていれば十分なのです。

もしあなたが、文芸小説の作家を目指し、芥川賞でも狙うつもりであれば、「文章が上手」ということは重要です。小説というのは、「文章」自体を楽しむものですから、文章の上手さや表現の美しさが必要条件となってきます。

しかし、インターネットで発信する場合は、「伝わる」文章を書くことが重要なのであって、「上手な文章」を書けるかどうかは、全く関係ないのです。

私は本書を含めて過去数冊の本を執筆していますが、編集者からよく、「樺沢さんの原稿は、ほとんど直さなくていいので助かります」と言われます（笑）。もちろん、かくいう私にしても、最初から上手な文章が書けるわけではありません。本書にしても、何度も何度もリライトを重ね、何百時間もかけ、ようやくでき上がっているのです。

はじめから上手な文章が書けなくてもプロの作家として活躍している人がいるという現実を知っていると、「私は文章が下手なので、文章を書けません」という言い訳は、非常に滑稽に聞こえます。文章が下手なので、インターネットに文章を書けません、というのは、あまりにも引っ込み思案すぎると思います。

下手でもいいから伝わる文章を書けるようになりましょう。

それは、そんなに難しいことではありません。ライティングは単なる技術です。学んで実践するだけ。

この章をきちんと読めば、「伝わるライティング」については、十分に学んでいただけるはずです。

「1秒ルール」であなたの文章を「読ませる」

読むか読まないかは1秒で決まる

ホームページの「3秒ルール」というものがあります。それは、ページを訪れた来訪者が、そのページを読むか読まないかを3秒ほどの短時間で決めて、つまらないサイトからは3秒もせずに去っていく、というルールです。

しかし、ソーシャルメディアの場合、1つの記事を読むか読まないかを決定するのに、3秒もかけている人は、まずいないと思います。

Facebookの場合、ニュースフィードに並ぶ新しい投稿について、1投稿当たり1秒足らずの短時間で、読むか読まないかを決めているはず。つまり、見た瞬間に「おもしろそう！」「自分の興味ある情報だ！」と思わせないと、あなたの記事が読まれることはない、ということです。

これを私は「ソーシャルメディアの1秒ルール」と呼んでいます。

つまり、**あなたの記事を1秒で「読みたい」と思わせる工夫がなければ、あなたの投稿はほとんど読まれないということになってしまうのです。**

読むか読まないかを左右する～「タイトル・ライティング」

メルマガやブログについては、読むか読まないかはタイトルで決まります。どんなに内容がおもしろくても、メルマガの件名がつまらなそうであれば開封されません。タイトルのつまらないブログ記事は、その時点で立ち去られてしまいます。

記事そのものは丹精込めて書いているのに、タイトルに工夫が感じられず、残念だなと思うケースが多々見られます。ブログのタイトルは、記事を書き終わった後に考える人も多いのかもしれません。その場合、文章を書くのに全エネルギーを費やしてしまっているため、タイトルを熟考する余力がなくなっているのでしょう。

記事のタイトルは先に決めるべきです。そうすると、全体の構成、結論、文章の道筋も全てでき上がります。

タイトルを決めずに文章を書き始めるのは、目的地を決めずにドライブするようなものです。どこにたどりつくかがはっきりとしないので、文章の方向性が定まらない。起承転結がはっきりとせず、書いては修正する、という試行錯誤に無駄な時間を費やすことになります。

ですから、ソーシャルメディア・ライティングの基本として、最初にタイトルを決めてから、書き始めることにしましょう。そして、それが魅力的なタイトルになるように、よく考えるのです。それから書き始める。目的地が見えますから、スラスラと書き進めることができるのです。

最後まで書き終わって、より良いタイトルが浮かぶ場合もあります、その場合は、より良いタイトルに修正すればいいのです。

タイトルは、「つかみ」です。タイトルで読者の心をキャッチしないといけません。

魅力的なタイトルをつけたいのであれば、メルマガなら人気メルマガを購読する。ブログなら大人気のアルファブロガーのブログを毎日読みましょう。人気メルマガや人気ブログは、間違いなくタイトルに工夫があります。

最初の1行で結論を述べる〜「サマリー・ライティング」

ブログやメルマガの場合は「タイトル」を見て、読むか読まないかが決定されます。しかし、FacebookやTwitterの投稿には、タイトルはありません。その場合は、最初の1行が、タイトルと同様に重要な意味を持ってきます。最初の1行、つまり書き出しがつまらなければ、その先を読もうという気持ちにはなりません。

Twitterでは、たくさんのツイートがタイムラインに流れます。Facebookでは、ニュースフィードというライバルだらけの場所に、自分の投稿が表示されます。記事を読むかどうかは、見た瞬間、1秒もかけずに判断されている。「1秒ルール」は、Twitterでも Facebookでも同じです。

私が考える「サマリー・ライティング」には2つのパターンがあります。

「タイトル・ライティング」と同じで、タイトルのような、興味を引かれるようなキャッチコピー的な1文から書き始めるというパターンが1つ。

もう1つのパターンは、最後に書くべき「結論」を、最初に書いてしまう、あるいは、文章の内容を1行の要約（サマリー）で書いてしまうというものです。

これが、「サマリー・ライティング」です。

結論を最初に書く。最初の1行で結論を述べる。これは英文ライティングでは基本、常識です。英文では、最初に結論を書いて、後から根拠や証拠を述べるのが普通なのです。

日本語の文章では、先に根拠や証拠を述べて、「だからこうです」と最後に結論で締めくくるのが、普通の論法です。しかし、**「結論」を最後に述べる論法では、冗長になりやすく、最初の1行で読者の心をつかむことはできません。つまり、ソーシャルメディア・ライティングとしては、不適当な書き方だといえるのです。**

もしくは、最初の1行にその記事の内容に関わるキーワードを盛り込んでください。人間は関心を持っているキーワードがあれば、ニュースフィードのような大量の文字列の中からでも、素早く認識し、注目してしまいます。

例えば私の場合、「映画」や「カレー」が好きなので、「映画」や「カレー」という言葉が含まれていると、瞬時に視線を向けてしまいます。

ソーシャルメディアでは、最初の1行が非常に重要です。そこで、読者の気持ちをいかにキャッチするか。最初の1行には、細心の注意を払っていただきたいと思います。

短く簡潔なほうが伝わる～「シンプル・ライティング」

「立食パーティーのオードブル」を目指す

例えるならば、私は紙媒体の文章は「コース料理」、ソーシャルメディアの文章は「立食パーティーのオードブル」だと思います。

じっくりと時間をかけて味わうコース料理に対して、立食パーティー会場のオードブルでは、巨大なローストビーフよりも、スプーンに盛りつけた一口サイズの料理のような、立ったままでも気軽に食べられるコンパクトな料理のほうが好まれます。

一流レストランのコース料理のメニューが、パーティー会場のオードブルとしてそのまま提供されたとしても、ナイフとフォークを使わないと食べられない……。そんな料理を手に取る人は、ほとんどいないでしょう。

これが、ソーシャルメディアに文章を書くときの注意点です。

長く、冗長な文章は、嫌われる。短く、シンプルで、わかりやすく、短い時間で読めて、それでいて内容がしっかりしている文章が好まれるということです。

Twitter や Facebook は、スマホで読むという人も多いですし、休み時間や移動の合間など、スキマ時間でアクセスしている人が多いからです。

ですから、ソーシャルメディアに文章を書くときは、「シンプルな文章」を意識してください。

シンプルに伝えるためには、1文を長くしすぎない、短い文を積み重ねる、結論やこれから述べることを文章の最初で提示し方向性を示す、冗長な表現や、不必要な形容詞ははぶく……といった注意が必要です。

Twitter では、短いツイートほど歓迎される

140文字までのメッセージを投稿できる Twitter。主張したいことがある人は、140文字ギリギリまで書こうとしますが、長く書けば書くほど多くの人に読まれなくなる傾向があります。

人間が一瞬で視認できる文字数というのはだいたい決まっています。Twitterで1行未満、20文字程度の文字列であれば、タイムラインに流れた瞬間に、「読もう」という意思とは無関係に、文字列が頭の中に入ってくるのです。これが、3行を超えると「読もう」という意思を持って、集中力を働かせないと読めなくなります。

Twitterのタイムラインは非常に速い速度で流れていきますから、「じっくり読もう」という態度でタイムラインに向かっているわけではないという人が大部分。ですから、**Twitterで何かを伝えたければ、1~2行、つまり60文字以下くらいの短い文章で、ストレートに伝えるのが効果的です。**

Twitterでは、共感されたツイートは、リツイートされます。私は自分のツイート100件について、リツイートされやすいツイートの特徴を調べました。リツイートされているツイートは、1~2行の短いツイートが多く、140文字ギリギリまで書かれた長いツイートがリツイートされる確率は低いことがわかりました。

「全てのツイートを短くしろ」という意味ではありませんが、Twitterの場合は、「簡潔で短いほど伝わりやすい」という傾向が、Facebookよりもさらに強く表れてきます。

Facebookでは1行でも「いいね！」がクリックされる

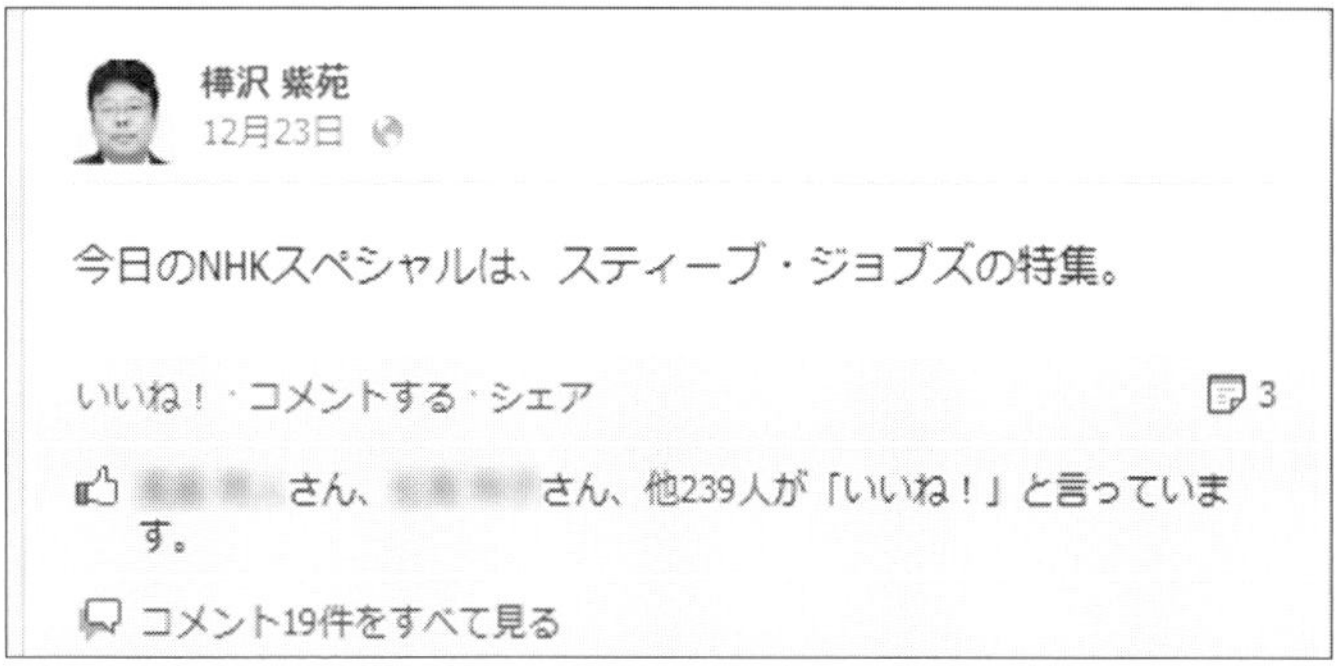

たった１行でも「いいね！」がクリックされる

例えば、上の図のようなたった1行の投稿。２４１人も「いいね！」をクリックしていて、コメントも19件付いています。画像もない、本当に1行だけの投稿です。でも、これだけで十分に伝わったということです。スティーブ・ジョブズに興味を持っている人であれば、「ＮＨＫスペシャルを見たい！」と即、反応するはずです。実際、「えー!? 見なきゃ！」「ありがとうございます。見ます」「見始めました！」といったコメントが続きました。

この投稿の目的は、スティーブ・ジョブズに興味のある人にこの番組を見て欲しい、ということですから、この1行以上に語らないほうが、ストレートに伝わったのです。

私たちは、「伝えたい」という気持ちが強まると、いろいろと説明したり、ついつい言葉を多く使ってしまいがちです。しかし、言葉が多くなるほど、伝わりづらくなることもあります。

「シンプル・ライティング」を意識して、言葉を厳選し、短くストレートに伝えたほうが、**読者の心に刺さる、より共感を呼ぶ文章が書けるのです。**

「短いほう」が伝わるのか?「長いほう」が伝わるのか?

文章は短くシンプルなほうが伝わりやすい。「シンプル・ライティング」を心がけましょう。こう提案すると、「樺沢さんは、いつも1000文字以上の長い文章を投稿しているではないですか」という反論が来るかもしれません。

確かに、私のFacebookへの投稿は、400文字を超える長いものも多いのです。長文を書くときは、「短いほう」が伝わるのか、「長いほう」が伝わるのか、という自問をして、「長いほう」が伝わると判断しているのです。

また、長い文章を投稿する場合は、最初の数行で読者の心をしっかりつかみ、その後も読んでもらえるような工夫をしています。何となく長文を書いている、ということではないのです。

あなたは、その投稿で何を伝えたいのか。そのためには短くシンプルに伝えたほうがいいのか、根拠や証拠を十分に列挙し、説得力のある長い文章にしたほうがいいのか。「伝

えたい内容」によって、文章の長さやスタイルを最適化すべきなのです。

意味もなく長いコンテンツを書くことは、情報発信者にとって時間の無駄というだけではなく、読者の時間を無意味に浪費させることにもなるのです。

一目瞭然に読ませる～「パラグラフ・ライティング」

適切に改行して理解度をアップする

20～30行くらいの長文を、一度も改行しないでFacebookにアップしている人がいますが、これは非常に読みづらいのでやめたほうがいいでしょう。読みづらい上に、せっかく読んでもらえたとしても、読者の理解はあまり得られないでしょう。

さらに、こうした読みづらい文章を書く人は、「読者のことを全く考えていないんだなあ」と思われてしまうかもしれません。

適切な「改行」を入れることで、文章は飛躍的に読みやすくなります。適切な「改行」とは、媒体によって異なりますが、Facebookの場合は、3～4行に1回程度の改行が読みやすいでしょう。

ある程度の長い文章の場合、3～4行を1パラグラフ（段落）として、3～4パラグラ

精神科医　樺沢紫苑

【精神科医の仕事術】2　本当に集中したいときは、インターネット接続を切る　今日は、執筆に集中していましたので、記事投稿ができませんでした。しかし、それも一つの「仕事術」だと思います。「ソーシャルメディアを毎日やらなければいけない」と思った瞬間に、それは「義務」であり「やらされ仕事」に転化してしまい、楽しくなくなってしまうのです。本職が忙しい時は、無理してログインすることはないのです。ちなみに、今日は朝起きてから昼の12時まで、インターネット接続自体を切って、本の執筆に集中していました。つまり、メール＆メッセージのチェックをしたのが12時です。インターネット接続を切ると、本当に集中できますから、お勧めです。

精神科医　樺沢紫苑

【精神科医の仕事術】2　本当に集中したいときは、インターネット接続を切る

今日は、執筆に集中していましたので、記事投稿ができませんでした。しかし、それも一つの「仕事術」だと思います。

「ソーシャルメディアを毎日やらなければいけない」と思った瞬間に、それは「義務」であり「やらされ仕事」に転化してしまい、楽しくなくなってしまうのです。本職が忙しい時は、無理してログインすることはないのです。

ちなみに、今日は朝起きてから昼の12時まで、インターネット接続自体を切って、本の執筆に集中していました。つまり、メール＆メッセージのチェックをしたのが12時です。

インターネット接続を切ると、本当に集中できますから、お勧めです。

改行のない投稿と適切な改行が入れられた投稿の違い

フで文章を構成すると、非常に書きやすく、また読みやすい文章になります。3パラグラフであれば、それぞれ「序破急」に、4パラグラフであれば、それぞれ「起承転結」に相当するイメージです。

最初の1パラグラフ目で、「導入」「話のつかみ」を書く。

2パラグラフ目で、話を膨らませる。

3パラグラフ目では、気付きや教訓などを書き、4パラグラフ目で、まとめる……。

こんなイメージで書き進めていくと、文章の構成を厳密に考えなくても、非常にまとまった文章を書くことができます。

パラグラフを意識して文章を書く。そして、適当なところで「改行」が入っているかどうかに注意する。これに気をつけるだけで、かなり読みやすい文章が書けるはずです。

媒体ごとに臨機応変に姿を変える～「カメレオン・ライティング」

媒体ごとに「一手間」加えて良い印象を与える

Facebookの場合は、3～4行に1回程度の改行が読みやすいと書きましたが、ブログやメルマガの場合は、1～2行ごとに改行するのが読みやすく、実際、そうしている人が多いと思います。

つまり、媒体ごとに最も適したライティングスタイルがある、ということです。メルマガを発行したら、それと同じ記事をブログやFacebookにコピペするという人がいると思いますが、完全に「そのまま」の形でコピペすると、非常に読みづらい記事ができます。

例えば、メルマガの原稿をそのままFacebook上にコピペすると、改行が多くて、かなり読みづらい投稿になってしまいます。

Facebookでは、3〜4行に1回の改行が読みやすいので、メルマガの原稿から改行を減らして、パラグラフごとにまとめ、さらに読みやすく修正してから投稿するべきです。あるいは、改行だけではなく、「てにをは」や接続詞などにもリライトを加えると、さらにいいでしょう。

つまり、**同じ元記事でも、掲載する媒体によって、原稿を最適化して微妙に修正するということ。**それが、臨機応変に姿を変える「カメレオン・ライティング」です。

既にやっている人にとっては実に当たり前の話ですが、全くの無修正でただコピペするだけの人が多いのです。そういう記事は、どう見ても読みづらいですし、Twitterから Facebookに記事を自動で流しているのと同じように、「やっつけ仕事」のように見えてしまい、印象がよくありません。

媒体ごとに、一手間加える。

その「一手間」を加えるかどうかによって、読者へ与える印象というのはガラリと変わります。「細かいところに目が届く情報発信者」なのか、「読者への気配りに欠ける情報発信者」なのか、印象が180度変わってしまうのです。

もう既に原稿はできているわけですから、原稿を最適化するのに、何分もかかるものではありません。よっぽど長いものでなければ、1分もあればできるのですから、そのくらいの手間暇はかけるべきです。

6つのミニテクニックで「わかりやすさ」を倍増させる

ひらがなと漢字のバランスに注意する

その他、ちょっとした工夫で文章を大幅にわかりやすくすることができるテクニックをいくつかご紹介しましょう。

まずは、ひらがなと漢字のバランスを意識することです。ワープロ機能を使うと、漢字変換の候補が次々と表示されます。それでつい、漢字に変換してしまう。ワープロで文章を書くと、手書きで文章を書くときよりも、漢字の割合が多くなりがちです。

漢字が多くなると、読みづらく、また堅苦しいイメージを与えます。逆にある程度漢字が少なくなると、読みやすく、気さくなイメージを与えます。

書籍の場合は、漢字が多くてもそれほど「読みづらさ」につながらないかもしれませんが、パソコンやスマホで読む場合は、漢字が多いと読みづらくなります。

ですから、漢字とひらがなのバランスには、常に注意してください。漢字にしようかひらがなにしようか迷う場合は、ひらがなにしてください。

ソーシャルメディア・ライティングの場合は、「ひらがなが多め」の意識がいいと思います。

リズムよく句読点を打つ

私は村上春樹さんのファンなのですが、彼の小説を読むと、数行もの間、読点が1つもないような文章が登場します。物書きとして、度肝を抜かれます。普通は、1行に1個程度の読点がないと、文章は非常に読みづらくなります。村上春樹さんの場合は、文章力、表現力で読者を引き付けますから、全く読みづらさを感じさせませんが、素人が真似《まね》ると大怪我《けが》をする荒業です。

ソーシャルメディアに書く場合は、紙媒体よりも気持ち多めに読点を打ったほうが読みやすいと思います。1行に1~2個というのが目安で、2行にわたって句読点が1つもない文章は、おそらく読みづらいでしょう。

リズムよく句読点が打たれている文章は、読みやすく、ついつい読んでしまいます。もし句読点を打つ場所がわからないという人は、でき上がった文章を音読してみましょう。句読点が打たれた場所とは、音読では息継ぎをする場所でもあります。音読してなめらかに読めるようならその句読点は適切。「音読しづらい」と実感するようなら、それは

検索は過去、ツイッターは今、未来の情報は人からとる（「ソーシャルメディア情報収集術」より引用） http://t.co/ThAeNb04

例１　「カッコ」なし

検索は「過去」、ツイッターは「今」、「未来」の情報は人からとる（「ソーシャルメディア情報収集術」より引用） http://t.co/ThAeNb04

例２　「カッコ」あり

「カッコ」を付けるだけでわかりやすくなる

句読点が不適当なのです。

「カッコ」を付けるだけで、読みやすさはアップする

上の図の「例1」と「例2」では、どちらが読みやすいでしょうか？　文章の内容は全く同じですが、「過去」「今」「未来」の部分に「カッコ」を付けただけの「例2」のほうが非常に読みやすくなっているはずです。

このように、**強調したい部分や、めりはりをつけたい部分を「カッコ」でくくるだけで、はるかに読みやすくなります。**

略語、専門用語はできるだけ使わないようにする

例3「FBは、人と人をつなげるツール」

例4「Facebookは、人と人をつなげるツール」

「例3」と「例4」では、どちらが読みやすいでしょうか？

「例3」の「FB」というのは、おそらく「Facebook」のことなんだろうな、と推測はつきます。しかし、Facebookに触れ

たことのない人は、「FBって何だろう?」と思うかもしれません。

あるいは、自分の専門領域の専門用語や略語などを当たり前のように使ってしまうと、読者は戸惑うでしょう。例えば「うつ病に対してSSRIの効果が発現するには、最低8週間はかかる」という表現。「SSRIって何だ?」と思う人がほとんどでしょう。SSRIとは、「選択的セロトニン再取り込み阻害薬（Selective Serotonin Reuptake Inhibitors）」の略ですが、こうした言葉を注釈なしで使うと、ほとんどの読者は理解不能に陥ります。

自分と同じ業種の人たちにとっては常識になっている略語であっても、一般の読者はそれを知らない可能性があります。**誰が読むかわからないソーシャルメディアでは、誰が読んでもわかりやすい用語使用を意識しましょう。**

「です・ます」調と「である」調を使い分ける

私は、「です・ます」調と「である」調を、記事によって使い分けています。

「です・ます」調だと、優しくて柔らかい雰囲気になり、「である」調だと、断定的で厳しく引き締まった雰囲気になります。ニュースや事実を端的に、ストレートに伝えたい場合は、「である」調が向いています。日常的な出来事を語りかけるような優しい口調で伝えたい場合は、「です・ます」調がいいでしょう。**書く内容やどんな雰囲気で伝えたいかによって、より効果的な方法を使い分けるべきでしょう。**当然ですが、１つの記事のなかで、「です・ます」調と「である」調を意味もなく混ぜるのは、あまり好ましくありません。

きちんと引用元を書く

しごく当然のことですが、引用元を書かずに、他人の言葉を無断で紹介するのはやめましょう。

また、明らかに有名人の言葉なのに、それをあたかも自分の言葉であるかのように書いてしまうと、「これって盗用じゃないの？」「これ、著作権法違反じゃないか？」と、非常にネガティブな印象を与えてしまうのでご注意ください。

誤字脱字を減らす～「ノーミス・ライティング」

誤字脱字をなくしてより洗練された文章にする

誤字脱字が多いと、文章は非常に読みづらくなります。結果として、いいたいことが伝わりづらくなってしまいます。

誤字脱字を減らし、読みやすく、伝わりやすい文章を書くように心がけましょう。

では、どうすれば誤字脱字を減らせるのでしょうか。私が実践している、いくつかの方法を紹介しましょう。

投稿前に必ず読み直すクセをつける

投稿ボタンをクリックする前に、今一度、書いた文章を読み直す。

実に当たり前のことですが、急いでいるときや、スマホからの投稿の場合など、確認せずに投稿ボタンをクリックしてしまい、後で「失敗した！」ということがあります。

投稿前の最後の確認を心がけましょう。

Microsoft Wordの文章校正機能を使う

私の場合は、1000文字を超えるような長文の投稿をすることがあります。その際は、まずワープロソフト「Microsoft Word」で書いてから、Facebookにコピペして投稿します。**「Microsoft Word」には、精度の高い文章校正機能がありますから、基本的なタイピングミスなどは、瞬時にわかります。**

あるいは、Facebookに直接文章を書き込んでいて、つい長文になった場合などは、「Microsoft Word」の新規文書にコピペして、校正することがあります。

Facebookの小さな投稿窓では、濁点、半濁点などの微妙な間違いを発見しづらいものです。文章校正機能を利用すると、基本的な間違いを瞬時に発見することができるので、安心です。

PDFファイルにして確認する

メルマガのような長文の記事を書いた場合は、発行する前に必ず印刷して確認しましょう。印刷してはじめてわかる、意外な間違いがあります。

しかし、喫茶店やカフェなどで仕事をしているときは、プリンターは使えません。そんなときは、「PDF形式で保存」(PDFファイルを作成)すると便利です。

PDFファイルは、拡大、縮小が自由にできますので、「ば」と「ぱ」のような濁点と半濁点の間違いなどもすぐに見つけられます。

この方法を使うまでは、カフェでメルマガを発行すると、誤字脱字が多くなってしまい困っていたのですが、「PDF形式で保存」してチェックするようになってからは、かなり誤字脱字を減らせるようになりました。

誤字脱字を減らす究極の方法

誤字脱字を減らす究極の方法として、誤字脱字を見つけたら、「見つけた後に修正する」という方法があります。メルマガのように、一度発行してしまったら修正がきかないというメディアの場合は不可能ですが、ブログの場合は、随時修正することが可能です。

Facebookでは、「近況」や「リンク」で投稿すると、後から誤字脱字を見つけた場合、記事全体の削除はできても、部分的な修正はできないので不便です。そこで、お薦めは、「写真」として投稿することです。写真として投稿した場合は、「編集」機能が使えます。

つまり、間違いを発見したら、すぐに修正することができるのです。

「編集」の具体的な方法ですが、「5分前」「1時間前」など投稿した時間を示す部分をクリックします。そうすると、その「写真」の個別ページが開きます。「いいね！・コメントする」などが書かれた欄に「編集」という文字がありますので、それをクリックしてください。投稿した文字列が修正できる、編集モードに切り替わります。

ただし、当然のことですが、なるべく投稿した後に修正する必要のないよう、常に「ノーミス・ライティング」を心がけましょう。

読者の行動を引き起こす～「アクション・ライティング」

読者に具体的なアクションを起こしてもらうには？

ソーシャルメディアをビジネスに使いたい場合は、ただいいたいことを伝えるだけではダメで、その後にアクションを起こしてもらわないといけません。

具体的には、URLのクリックということになります。

そのためには、読者の心を動かし、実際にアクションを起こしてもらうための「アクション・ライティング」が必要となります。

感情が動かされると人間は行動する～「エモーショナル・ライティング」

ビジネス目的でソーシャルメディアに文章を書く場合、読み手に対して何らかの行動をとって欲しいという気持ちが少なからずあるはずです。例えば、Twitterに「ブログ記事を更新したので読んでください」と書いた場合は、「続いて書かれたURLをクリックして、ブログ記事を読む」というアクションを起こして欲しいはずです。

あるいは、ビジネスを目的にウェブサイトを運営している場合は、最終的に「申し込み」や「購入」といったアクションを起こしてもらわないと、ビジネスになりません。

読み手に、何らかの行動を起こして欲しい。しかし、それは思ったほど簡単ではないはずです。

脳科学的には、人間が行動を起こすために必要なものは、実にシンプルです。それは、「情動」です。つまり、喜怒哀楽、感情が動かされるということ。それ以外にはありません。もっと単純にいえば、人間の行動は大きく分けると2つしかないのです。「快を求める」か「不快を避ける」か、この2つしかありません。

感情が動かされないとき、人間は何の行動も起こしません。

例えば、ビジネス書を読む場合。読んでいて「これはおもしろい」「この方法は凄《すご》い」と思ったとき、つまり「快」刺激を得たとき、書かれている内容を実行に移すのです。読んでも感情をゆさぶられなかった場合、何とも思わなかった場合はスルーしてしまいます。そして、そのうちその本の内容は忘れてしまうでしょう。

なぜ「快」刺激を得たときに人間は行動に移るのか、というと、それはモチベーションの源となる「ドーパミン」という脳内物質が分泌されるからです。

「おもしろい」「とてもためになった」「役に立った」「大笑いした」「涙が出た」「感動した」……。こうした感情にともなう「快」刺激を受けると、脳内ではドーパミンが分泌さ

れ、はじめて人間は重い腰を上げて行動を起こします。つまり、読み手に行動させるためには、読み手の感情を動かし、喜ばせればいいのです。

ストーリーで人の感情を動かす〜「ストーリー・ライティング」

感情が動けば人は行動するといっても、具体的にどんな内容を書けば、人の感情は動くのでしょうか。感情を動かすライティングとは、どのようなものでしょう。

教科書のような堅苦しい文体、淡々とした事実の記述では、人の感情が動かないのは歴然としています。なぜならば、頭の中に情景がイメージされないからです。

では、頭の中に情景がイメージされるにはどうすればいいのかというと、それは「ストーリーで語る」ということです。物語のようなスタイル、つまり自分の体験談であるとか、具体的な実例、例え話などを、ありありと語るのです。

そんなおもしろい話を自分はできないという方は、昨日読んだ小説のストーリー、あるいは、昨日見た映画のストーリーを要約して書いてもいいでしょう。もちろん、そこに何らかのプラス・アルファをして、自分らしさを加えた上で、伝えたいことを伝えなくてはいけません。ストーリーを書くといっても、小説家や脚本家のように、自分でゼロから物語を創出する必要は全くないのです。

人間の感情は「文字」だけではなかなか動きませんが、「視覚」に訴えられると簡単に動くものです。文字を「視覚化」する方法が、「イメージしやすいストーリー」を使うということなのです。

ビジネス書のベストセラーを何冊か読み直してください。例外なく、実例が豊富であり、著者の体験談がありありと活写され、情景をイメージしやすい表現が随所に盛り込まれているはずです。単なる「論理」ではなく、「ストーリー」によって著者のいいたいことが語られているのです。

ですから、あなたが何か文章を書くときは、「体験談」や「実例」「例え話」などをできるだけ盛り込むように意識しましょう。それが、「ストーリー・ライティング」です。

気持ちはおもしろいほど伝わる〜「感情伝染ライティング」

感情を動かすライティング・テクニック。もう1つ簡単なものを紹介すると、それは文章に「感情」を込めるということです。

人間には「感情伝染」という心理があります。楽しい気分の人と一緒にいれば楽しい気分になり、暗い気分の人と一緒にいれば暗い気分になります。

ですから、文章にあなたの感情を込めるように意識してライティングをすれば、その感情が読み手にも伝わり、心を動かしやすくなるということです。「ええっ！」「おおっ！」「凄い」「やったー」など感情を表す表現を使うのも手です。また、「ドンドン」「ざあざあ」「キラキラ」といった擬音語、擬態語を使っても、感情を込めやすくなります。

文章というのは、どうしてもクールに淡々と書かなくてはいけないと思っている人が多いかもしれませんが、感情を込めるべきところには感情を込め、論理的に書くべき部分はしっかりと理路整然と書く。そのめりはりが重要だと思います。

　熱意を込めて書くと熱意の込もった文章になります。「どうでもいい」と思って書くと、どうでもいいような文章ができ上がります。ですから、文章に感情を込める、ということを意識してみてください。全身全霊を込めた文章は、ときに飛躍的な反応率をたたき出すものです。

　感情を動かすことを意識すると、結果としてクリック数が増えたり、購入が増えたり、と読み手の行動に大きな影響を与えることができるのです。

第5章

永久に
ネタ切れしない
ネタ収集術

「書く」ために絶対に必要な「ネタ集め」の方法

もう「ネタ切れ」の悩みからは解放される

「ソーシャルメディアを運営する上で一番困ることは何ですか？」という質問に対する答えで最も多いのは「何を書いていいかわからない」「毎日書いていると、書くことがなくなっていく」「毎日のネタ集めに苦労する」……という、「ネタ切れ」に関する悩みです。

つまり、**「ネタを集める」という、書き始める以前の段階でつまずいている人が多いのです。**

本章では、「書く」という行為そのものではありませんが、「書く」ためには絶対に必要な「ネタ集め」の方法について、お伝えしたいと思います。

インプットなくしてアウトプットなし

インプット、インプット、インプット！

「毎日、ソーシャルメディアに書くネタがありません」という人がいます。そこで、月に何冊くらい本を読んでいるか尋ねると、2～3冊と答えます。これではインプット量がビジネスマンとしては少ないですし、情報発信者としては失格です。

ちなみに私は、雑誌を含めて月に30冊ほど読んでいます。単行本でいうと15冊くらいでしょうか。ソーシャルメディアで読者の役に立つ情報発信をしようと思うのなら、最低でも10冊くらいは読みたいところです。本1冊から3個のネタを拾えば、本10冊から30個のネタを得られるのです。1日1回記事を更新するとしたら、1ヶ月のネタはそれだけで十分集まります。

インプット量とは、入力する情報量のこと。アウトプット量とは、出力する情報量のことです。ソーシャルメディア・ライティングの場合、アウトプット量とは「書く」量そのものと考えていいでしょう。

インプット量を増やさないでアウトプット量を増やすと、アウトプットの質が低下します。つまり、コンテンツの内容が薄く、つまらないものになってしまうのです。

ネタ不足でアウトプットができない、という人はまずインプット量を増やす必要があります。インプット量を2倍に増やせば、アウトプット量も楽に2倍に増やせます。

1冊の本から、より多くの情報を得る

突然ですが私は、生グレープフルーツサワーが好きです。

全力を込めてグレープフルーツからギューッと果汁を搾り出し、サワーに入れて飲みます。もう出てこないだろうと思いながらももう一度搾ると、意外とたくさんのジュースが、さらに搾り取れるものです。

情報のインプットの場合も、グレープフルーツのスクイーズ（搾り）と同じことです。1冊の本から、どれだけの情報をスクイーズすることができるのか。この「スクイーズ能力」をアップさせると、1冊の本から従来の2倍以上の情報を得られるようになります。つまり、同じ読書時間でも、インプット量を2倍に増やすことが可能になります。

では、**情報のスクイーズ能力をアップさせるにはどうすればいいのか。それは、アウトプットを前提に、インプットをするということです。つまり、あなたが本を読んだら、必ずソーシャルメディアに記事を書く、と決めてください。**

記事を書くためには、その本から何らかの「気付き」を得なくてはいけません。自分にとってためになる点、そして読者に紹介して、読者にもためになるポイントを発見しないといけません。

そうした「アウトプットしないといけない」という軽いプレッシャーを自分にかけながら本を読むようにすると、不思議なことに、今まで気付かなかったことにたくさん気付けるようになってきます。そして、すかさずメモするということも大切です。

本を読んだら、そこから必ず1コンテンツを作る。これを既にやっている人は、1冊の本から2コンテンツを作るように練習してください。つまり、1冊の本から2回分の記事を書くということです。そのためには、1つの気付きでは足りないので、気付きを2つ得ないといけません。

そうしているうちに、単位時間当たりの「インプットの量」が確実に増えるのです。

自己成長を加速する一石二鳥のインプット術

本を読んだらソーシャルメディアに記事を書く。既に実行している人はおわかりだと思いますが、アウトプットを前提にしたインプットを心がけると、圧倒的にインプットの質が高まります。その証拠に、本の内容についての記憶が全く違うことに気付かされます。

例えば、1年経ったときに、きちんとした書評を書いた本の内容はありありと記憶しているのに対して、書評を書かなかった本の内容は、すっかり忘れているのです。

この**「アウトプットを前提にしたインプットをする」という習慣は、あなたの勉強効率を飛躍的に高めますし、結果としてあなたの自己成長のスピードを何倍にも速めます。**

アウトプットせずに何となく本を10冊読むよりも、1冊の本を精読し、きちんとした書評やレビューを書くほうが、よっぽどためになることは、実際にやってみればすぐにわかると思います。

ですから、あなたが現在、月に3冊しか本を読んでいないとしても、その3冊についてのレビューをソーシャルメディアに書くだけで、ただ漫然と10冊の本を読んだときに得られる以上の気付きと学び、インプット効果が得られるはずです。

自己成長を加速するための最も簡単な方法は、学んだことを人に教えるということです。ソーシャルメディアに書くということは、何千人もの人に「教える」ということに他なりません。

「アウトプットを前提にしたインプットをする」ことによって、ソーシャルメディアに書くネタを大量に集めることができ、さらに自己成長も加速できるという、一石二鳥の効果が得られるのです。

インプットはスキマ時間で行う

「インプットの量を増やしましょう」と提案すると、「インプットする時間がありません」という答えが返ってきます。でも、本当にインプットする時間がないのでしょうか。

あなたは、電車で移動することはありませんか？　1日に30分もテレビを見ないのでしょうか？　友達との飲み会にも行かないのでしょうか？

インプットはスキマ時間でできます。また、読書に限らず、テレビを見たり、映画を見たりすることもインプットといえますし、友人との雑談や飲み会も、重要なインプットの場になります。

例えば私は、ランチでは外食をすることが多いのですが、外食先のお店にスポーツ新聞や週刊誌があるときは、必ずそれを読むようにしています。食事が出てくるまでの10分と食後の10分で、かなりの情報をインプットすることができます。そこから2～3個のネタを発見することは、実に簡単です。

あるいは、電車で移動するときには、必ず本や週刊誌をカバンに入れて、それに目を通すようにしています。電車に1時間乗っていれば、速読すれば単行本1冊は読めます。

私は月に30冊本を読むのですが、毎日読書の時間をとって読んでいるわけではありません。全てスキマ時間を利用して読んでいるのです。スキマ時間を利用するだけで、月30冊の読書は可能なのです。

「遊び」も重要なインプット時間である

「インプットをする」というと、本を読んだり、あるいはセミナーや講演会、講習会、研修会に参加するなど、「勉強」というイメージを持つ人がいるでしょうが、私はそうは思いません。「遊び」こそ、インプットの絶好の機会です。

例えば、1本映画を見れば、必ずその映画の話で1コンテンツは書けます。コンサートに行っても、何かイベントに参加しても、そこからネタの1つや2つを見つけ出すことは十分に可能です。

また、**インプットに非常に有効な場として忘れてはいけないのが「飲み会」です。**飲み会というのは、いい換えると「情報交換会」です。表面的には「おしゃべり」や「雑談」、「くだらないトーク」であっても、見方を変えると、最近あったおもしろい話、興味深い話を、みんなで持ち寄って交換しているのだということがわかるはずです。

一見「くだらないトーク」であっても、そこには「笑い」があるはずです。それを「友達から聞いたおもしろい話」として記事に書けば、かなりの反応が得られるでしょう。

飲み会はネタの宝庫なのです。しかし、ほとんどの人は、酔っ払って貴重なインプットの大半を忘れてしまいます。私は、飲み会の最中でも「これは！」と思った話があれば、すかさずメモをとります。飲み会中にとったメモが、何百万円の価値を生み出すこともあるのです。

酔っ払っていると、普段は決して聞けないシークレットな話がポロッと出てくることも、よくあることです。

テレビを見る時間をインプット時間に変える方法

ただ漫然とテレビを見るというのは最大の時間の浪費だと思いますが、その時間を「インプット時間」と考えれば、大量の情報を短時間で得られるという意味で、質の高い貴重な時間へと変えられます。

私は普段あまりテレビを見ませんが、見るときには、たいていTwitterにログインしています。おもしろい話やちょっとした気付きがあれば、Twitterでつぶやいておくのです。後で、そこからFacebookなどの記事に起こします。私は「情熱大陸」や「ソロモン流」といった人物ドキュメンタリーが好きなのですが、そうした番組からであれば、確実に１コンテンツが書けるだけの「気付き」が得られます。

アウトプットすることを前提にテレビを見るようにすると、そこから得られる情報の質というものが、根本的に変わってきます。ただぼんやり眺めていると、脳の中を情報が通過していくだけで、記憶にも残らない。実際、１ヶ月前に放映されたバラエティ番組の内容を思い出せ、といっても思い出せないと思います。

どんなに仕事が忙しい人でも、テレビを見たり、飲み会に行ったりはするはずです。つまり、インプットに最適の時間を持っていながら、それに気付いていない。

ネタ不足で困っている方は、まずはインプットの量を増やしてください。さらに、インプットの質も高める。「アウトプットを前提にしたインプット」を習慣にできれば、それだけでネタ不足で困る、ということから解放されるでしょう。

最強の「ネタ帳」を構築する

人間は、99%を忘れる生き物である

私たちは、毎日膨大な情報に接し、たくさんの気付きを得ているはずです。しかし、そうした気付きのほとんどを忘れてしまいます。実は、人間の脳というのは、インプットした情報の99%を忘れるように作られているといわれています。そうでないと、脳がパンクしてしまうからです。

1年前の今日、朝から何をしたか、どんなご飯を食べて、どんな仕事をこなし、どんなテレビを見たか思い出してください。思い出せる人は、まずいないでしょう。

私たちは毎日、素晴らしい「気付き」を得て、素晴らしい「ひらめき」と「アイデア」を着想しています。しかし、その99%は忘れ去られてしまうのです。もったいない話ですね。しかし、その素晴らしい気付きとアイデアを、100%活用する方法があります。それは、思いついた瞬間にメモする、ということです。

メモさえとっておけば、忘れていたとしても、メモを見返した瞬間に思い出すことができます。先ほど、人間は99％の情報を忘れ去ると書きましたが、それは脳の中から完全になくなるわけではありません。1年前の今日の出来事も、スケジュール帳を見返せば、かなりのところまで思い出せますよね。

つまり、**記憶を引き出す「トリガー」（引き金）さえあれば忘れていたと思っていた情報を取り出すことができます。その「トリガー」としてメモが極めて重要なのです。**

お笑い芸人に学ぶ、ネタ収集術

お笑い芸人のトークはおもしろく、人を引き付けます。

彼らの話をよく分析してみると、ほとんどが自分の体験談です。例えば、お笑い芸人がパーソナリティをつとめる深夜のラジオ番組。最初のフリートークで、最近あった「おもしろい話」をするのですが、よくこんなにおもしろい出来事ばかり、毎週起きるものだと思っていました。

しかし、そこにはカラクリがあるのです。お笑い芸人は、たいてい「ネタ帳」というものを持っています。何かおもしろい出来事があったら、忘れないようにそのネタ帳にメモするのです。自分が笑ったおもしろい出来事を他の人に話せば、「笑い」が共有されるわけですから、おもしろい出来事があれば、メモしておけばいいのです。

つまり、「おもしろい出来事」は、お笑い芸人の周りで特別に高い頻度で起こっているわけではないのです。私たちの周りでも、毎日起こっています。ただ、私たちは、それを忘れているだけ。お笑い芸人は、「笑える」と思った瞬間に、すかさずネタ帳に記入し、忘れないように記録しているのです。結果として、「おもしろい出来事」がどんどん集積され、それが自らのネタ、あるいはそのネタの素材になっていくのです。

ネタ収集において大切なのは、「何かおもしろいことないかな？」と探すことではなく、自分が「おもしろい」と思う瞬間をキャッチすることです。自分が「おもしろい」と感じれば、それは読者にとっても「おもしろい」はずなのです。自分の「共感」にこそ、読者も「共感」するのですから。

私たちもお笑い芸人にならい、自分の「ネタ帳」を作って、そこに「これは使える！」と思ったネタを書きためればいいのです。毎日の生活のなかで、「このニュースはおもしろい」「このニュースは役に立ちそうだ」「この話、ためになる」「この人、いいこと言うな」という瞬間は、いくらでもあるはずです。

でも、メモをとらない限り、その99％を私たちは忘れてしまうのです。

後からパソコンの前に座ったときに「何かおもしろいことないかな？」と、ネタ不足に悩むことになります。

おもしろい出来事を、私たちは、毎日何度も体験しています。ですから、それをすかさずメモすることを習慣にしていただきたい。毎日ネタが増え続ける濃厚な「ネタ帳」があれば、あなたが「ネタ不足」で困ることなど、ありえない話となります。

Twitterをネタ帳として使う

ネタになりそうなアイデアが浮かんだら、すかさずメモする。重要なのは、何にメモをするか、ということです。メモ帳やスケジュール帳などにメモをするという手もありますが、いつでも手帳が手元にあるとは限りません。あるいは、満員電車の中で、中吊り広告からおもしろそうなネタを着想した場合など、カバンに入っている手帳を取り出すことは難しいでしょう。

「ひらめき」というのは、電車の中とか、トイレの中とか、弛緩《しかん》した時間のなかで生まれることが多いので、手帳が手元にないという場合が結構あるのです。

そこで、**私はアイデアやひらめき、「おもしろい！」と思ったニュースは、全てTwitter上にメモするようにしています。要するに、ネタになりそうなものを見つけたら、すかさずTwitterでつぶやくのです。**

スマホや携帯を持っている人は、外出する場合も、家にいるときも、常に手元においているはずです。それらであれば電車の中でも簡単に取り出し、入力できます。

おもしろそうなニュースや、ためになるブログ記事を見つけたときは、URLと一緒にツイートしておくと、ブックマークとしても使えます。

Twitterで受けるネタと受けないネタを見分ける

Evernoteにメモするという人もいるでしょうが、Twitterというソーシャルメディアにメモすることで、読者がその話題に興味があるかどうかリサーチもできるのです。

その投稿がリツイートされたかどうか、リプライは来たのか。あるいは、URLがどれだけクリックされたかなど、Twitterにメモをしながら、反応率も調べることができるのです。

自分は「凄《すご》くおもしろい！」と思っても、他の人は「それほどでもない」と思うということもときにはあるはずです。自分が収集したネタが当たりなのか、ハズレなのか、Twitterでつぶやくことで、そのネタが共感されているかどうかがわかります。

とりあえずTwitterでつぶやく。そのなかから、反応率の高かった投稿を、Facebookやブログでさらにきちんとした記事にしていきます。そうすると、Facebookやブログ上には、反応率の高い、読者にとって「役に立つ記事」ばかりが並ぶことになります。

ただ、Twitterでは、1ヶ月前のツイートを見返すことは困難です。そこで、Twitterを最強のネタ帳にするために、「Twilog」というサービスを併用します。

＊Twilog　http://twilog.org

これは、Twitterでの自分のツイートをブログのように、見やすく日にち別に表示してくれるサービスです。検索機能も秀逸で、ツイートに含まれる単語で検索すると、自分が見返したいツイートを瞬時に引き出すことができます。

私の場合、ネタに困ったらまず「Twilog」を見ます。そうすると、そこに記事にすべきネタをいくらでも見つけることができるのです。

「情報の宅配便化」でネタは探しに行かないで届けてもらう

時間をかけずに、楽してネタを集めよう

記事を書こうと思ったとき、何かキーワードを入力して検索を開始したり、あるいはニュースサイトにアクセスして、ヘッドラインを眺めたりする人がいます。つまり、書こうと思ってから、情報やネタを集めに行くのです。誰でもやっていることだとは思いますが、

これは手間と時間の大いなる無駄です。

例えば、コンビニに毎日のように行く機会があると思いますが、もし1日1回、必要な物を宅配してくれるサービスがあったら、そちらのほうが便利ではないでしょうか。毎日コンビニに買い物に行くより、毎日宅配してもらったほうが楽なのです。

あるいは一番いいのは、宅配で頼んでおいて、どうしても足りない物だけコンビニで買う。すでにやっている人もいるかもしれませんが、そういう生活は本当に便利です。必要な物を、毎日、スーパーやコンビニに買いに行くというのは、面倒なことです。

情報やネタの収集においても、全く同じことがいえます。

つまり、**自分から情報を取りに行くのではなく、情報を届けてもらうようなシステムを作り、「情報の宅配便化」をするのです。**

ブログのRSS機能を「情報の宅配便」として使う

ブログには、RSSという機能があります。ブログが更新されたときにその情報を受け取る、というサービスです。せっかくブログにアクセスしても、「昨日と同じコンテンツしか載っていなかった」という場合、時間の無駄になってしまいます。

記事が更新されるたびに通知を受け取り、それから見に行くほうが何倍も楽です。

更新記事のタイトルもわかりますから、興味のない記事であれば、アクセスしないで済みます。
RSS機能はブログ情報を宅配してくれる、力強い味方なのです。

「Googleアラート」でネット情報を一網打尽にする

情報の宅配便化という意味で、非常に便利なサービスを紹介しましょう。それは、「Googleアラート」です。

＊Googleアラート　http://www.google.co.jp/alerts

Googleでは数えきれないほどいろいろなサービスが提供されていますが、そのなかで、私にとって「検索」「Gmail」の次に便利で、かつなくてはならないサービスが「Googleアラート」です。

「Googleアラート」を活用すると、無駄に検索する時間を完全に節約できますので、年間でいえば、何十時間もの時間を節約することができるのです。

「Googleアラート」とは、所定のキーワードを登録しておくと、そのキーワードに引っかかる新しいサイトやブログがGoogle上にインデックスされた場合、その全ての更新情報を1日1回（もしくはその都度、または1週間に1回）メールで教えてくれるサービスです。

所定のキーワードを入れておくと、その領域に関する最新情報が、Googleにインデックスされる限り、もれなく集まってくるのです。それを毎日読んでいれば、あなたはその「キーワード」に関して、日本で最も情報を持っている人間の1人になることができるでしょう。

「Googleアラート」を「口コミ」収集ツールとして使う

「Googleアラート」を使うと、様々な情報を収集することが可能です。例えば、口コミの収集もできます。私は『ツイッターの超プロが教える　Facebook仕事術』という本を出していますが、「Facebook仕事術」というキーワードを「Googleアラート」に登録しています。

そうすると、「Facebook仕事術」がインターネット上で話題になっていると、「Googleアラート」はそれを全て教えてくれるのです。具体的には「Facebook仕事術」の書評や感想をインターネット上で書いてくれた人を、網羅的に調べることができます。

それを書いてくれた人に対してお礼のメールを差し上げることもできますし、「○○さんのブログで紹介されました」と、自分のホームページやFacebookなどで紹介することもできます。

「口コミ」収集が簡単に、かつ所要時間ゼロ、かつ検索もれなしで実行できますので、「Googleアラート」は、「口コミ」収集ツールとしては最強だと思います。

あるいは、自分の関心のある領域に関してキーワードを設定しておくと、最新の更新結果がメール形式で送られてきますので、ドンドンと情報が蓄積していきます。それはやがて、情報の集積所、自分だけの情報図書館へと成長していきます。

ちなみに、私が主催した80人が参加したセミナーで「Googleアラートを使っている人はいますか？」と質問してみたところ、挙手したのはわずかに3人でした。「Googleアラート」は、意外と知られていないし、知っていても使いこなしている人はごく少数のようです。

検索して自分から情報を取りに行く時代はもう終わっています。

同じ検索結果を情報源にするとしても、黙っていても向こうから宅配してくれるようなシステムに徐々に切り替えていったほうが、情報収集にかける時間を大幅短縮することができ、時間を節約することができるのです。

「0→1」ではなく「1＋1＝2」を目指す

ゼロから素晴らしいものを創造する必要はない

「ソーシャルメディアで書くネタがない」という人のなかには、記事を書くときには完全なゼロから何か素晴らしいものを創り出さないといけない、と勘違いしている人がいます。

完全な「ゼロ」から、おもしろい文章を書こうとするのは、非常に大変です。よっぽど文章を書くのに慣れていない限り、大きな苦痛を味わうことになるのです。ゼロからの創造、それは例えば小説家の仕事であって、ソーシャルメディア上での情報発信者であるあなたは、完全なゼロから文章を生み出すような書き方をする必要は全くありません。

ゼロから1を生み出す、つまり「0→1」ではなく、「1＋1＝2」をイメージすると、ネタは無限に生まれてきます。既存の「1」に、自分らしさの「1」を加えると、素晴らしい「2」の記事ができ上がるのです。

既存の「1」というのは、興味深いニュースであったり、本の内容であったり、他人が発信したコンテンツでいいのです。それを読んで自分はどう感じたか、何を考えたのか、あるいは、自分の専門家としての知識や経験にもとづいた適切なコメントを書き加えれば、それで立派なコンテンツとして完成するのです。

ただ、そこにプラスされる「1」、つまりあなたのコメントは、凡庸なものであってはいけません。あなたらしさ、「個性」が付け加えられている、ということが必要です。あなたの仕事や専門性にもとづく的確なコメントが添えられていないと、「あなたからの情報」を受け取る必然性がなくなるからです。

つまらないコメントや浅薄な分析が添えられているだけなら、ニュースサイトのヘッドラインを読んだほうがましというものです。あなたらしい的確なコメントが添えられていなければ、「あなた」の記事を読む理由がなくなってしまいます。

コメンテーターになったつもりで記事を書く

テレビのニュース番組には、コメンテーターが出ています。そのニュースについての解説や事件についての感想を一言コメントします。たった一言ではありますが、その一言によって、ニュースがよりわかりやすくなったり、身近なものになったり、役立つ教訓になったり、とニュースに新しい価値が生まれてくるのです。

自分がコメンテーターになったつもりで、インターネット上で発見したニュースや読んだ本にコメントを加えていく。それだけで、有益なコンテンツが生まれてくるのです。

これに慣れてくれれば、数行のコメントだけではなく、1つのニュースからインスピレーションを得て、400文字を超える記事を書くこともできるようになります。「1+1=2」をイメージすると、あなたがインプットした情報を、全てコンテンツ化することができるようになるのです。

困ったら読者に聞いてネタ不足を解消する

無限にネタが生まれる「打ち出の小槌」とは？

ネタ不足で何を書いていいか困ったという場合、「読者に聞く」という裏技があります。

例えば、ソーシャルメディア・ライティングについての記事をFacebookに書こうという場合。まず、Facebookで「あなたがソーシャルメディアのライティングに関して、困っていることは何ですか？」「あなたがソーシャルメディアのライティングに関して、知りたいことは何ですか？」と質問を投げかけてみます。

そうすると、「モチベーションが続きません」「毎日、何を投稿したらいいのでしょうか？」「仕事が忙しく、書く暇がありません」といった、質問や悩みが寄せられます。

あとは、それらに答えるだけです。「質問」や「悩み」1つに対して、1つのコンテンツが完成します。質問が10個寄せられれば、10個のコンテンツが完成するわけです。「ネ

タ不足」で困ったら、読者に「わからないことは何ですか？」「知りたいことは何ですか？」と質問すればいいのです。

「質問」は、まさに「打ち出の小槌《こづち》」のようなものです。

ネタ不足で困ったら「打ち出の小槌」をふる。すると、「ネタ」はいくつでも出てくるというわけです。

読者が100％満足するコンテンツの作り方

今までに私は、『メールの超プロが教える Gmail 仕事術』『ツイッターの超プロが教える Facebook 仕事術』（ともに小社）などの本を出していますが、読者の方から「樺沢さんの本には、自分が今知りたいと思っていたことが全て書かれていました」「自分の疑問が全て、スッキリと解決しました。こんな本を待っていました」という、感激の感想がたくさん寄せられています。

本書もそうですが、私は「読者が100％満足する本」を書こうと意識して、本を書いています。そして、実際、100％かどうかはわかりませんが、かなり大きな満足感を得ていただいていると思っています。

なぜ樺沢は、読者が100％満足する本を書けるのか。本当は教えたくはないのですが、特別に本書の読者のみなさんには暴露したいと思います。

読者が100%満足する本を書く方法とは、読者からの質問に全て答えることです。既に、前項で書いたことと同じでした（笑）。読者に質問を投げかけ、寄せられた質問、それに対する答えを全て本の中に盛り込むわけです。そうすると、読者のみなさんに「この本には、自分の知りたいことが全て書いてあった！」と思っていただけるのです。

例えば、『メールの超プロが教える Gmail仕事術』を書いたときは、まず「あなたがメールに関して困っていることはありませんか？」という質問をメルマガ読者に投げかけてみました。そうすると、なんと280人の方から、280個の「悩み」「質問」が寄せられたのです。その280の質問を分析したところ、種々雑多な質問が寄せられているかと思いきや、実はたった「7パターン」の質問に大別できることがわかりました。

「迷惑メールが多すぎてストレスになる」「迷惑メールを削除するのに時間と手間がかかりすぎる」「受信メールが多すぎて、大切なメールを読みのがしてしまう」など7つのパターンなのですが、それぞれの解決方法について説明した本が『メールの超プロが教えるGmail仕事術』です。280人のメールに関する悩みを解決できるわけですから、おそらくその280人だけではなく、多くの人のメールに関する悩みのほとんどを解決してしまう本になっているはずです。

本書もそうした読者への質問、アンケートをもとに執筆していますので、あなたのライティングに関する悩みの大部分を解決する本になっているはずです。

「読者の声」を大量に集めるにはメールフォームを使う

読者に質問を投げかけると大量のネタを収集できる。いい話を聞いた、と思い早速実行に移してみても、多くの人は、そこで大きな問題に直面します。

それは、「読者の声」がほとんど集まらない、という問題です。例えば、Facebookに「○○について、あなたの悩みを書いてください」と書き込んだところで、10人も書き込んでくれないと思います。あるいは、メルマガに「ご意見をメールで送ってください」と書き込んでも、それほどたくさんのメールが送られてくるわけではありません。これでは、打ち出の小槌として全く機能しません。

私の場合は、数日で300人分くらいのアンケートを集めることができます。それは大きな媒体を持っているからだとあなたは思うかもしれませんが、そうではないのです。「読者の声」を集めるのには、コツがいるのです。

「読者の声」や、アンケートを集める場合は、「メールでお送りください」というのではなく、必ず申し込み用のメールフォームを用意してください。メールを使う場合と比べて、

回収率が5倍以上は高くなります。

特に、「悩み」や「質問」を集める場合は、メールではほとんど集まらないといっていいでしょう。なぜかというと、メールで投稿してもらうというのは、こちらにメール送信者名が表示されるので、「実名」で投稿してもらうということとほとんど同じだからです。

さらに、「悩み」や「質問」を投稿する場合、「こんなに簡単な質問をしていいのだろうか？」「あまりにも基本的な質問で恥ずかしい」という心理が働きます。

セミナーや講演会の最後に、「何か質問はありませんか？」と質疑応答の時間をとっても、挙手して質問する人が少ないのはそのためです。でも本当は、ほとんどの人が疑問点を持っているはずだし、質問したいと思っているのです。

この「恥ずかしい」という心理障壁を取り除くために、「匿名で投稿ができる」という仕組みが必要なのです。それに最も適しているのが、メールフォームです。

ですから、メールフォームに「名前」の項目を入れると、せっかくメールフォームを使っているのに、回収率が格段に下がってしまいます。ものによっては「住所」や「年齢」などを書かせるフォームがありますが、個人情報の項目を増やせば増やすほど回収率は低下していきますので、ご注意ください。シンプルなフォームほど、回収率が高くなります。

無料で使えるメールフォームのサービスとしては、次のようなものがあります。

＊フォームズ　http://www.formzu.com
＊フォームプロ　http://www.formpro.jp

コメント欄に書かれた質問を活用する

読者に質問したり、アンケートを集めるのがどうしても面倒だという方は、あなたのFacebookやブログのコメント欄をよく読んでください。

そこに既に「質問」や「相談」が書き込まれていないでしょうか。「○○については、どうなのでしょうか？」「私の場合、○○で困っています」という書き込みは、注意して読んでみると、既にたくさんあるはずです。

あなたが、第3章の「交流ライティング」で書いたノウハウを日々実践しているとするのなら、少なくないコメントがあなたの記事に付いているはずですから。

私の場合は、Facebookのコメント欄に質問が書き込まれたら、3〜4行くらいで、簡潔にお答えします。そして、その翌日にでも、その3〜4行の回答を膨らませて、400文字以上の長文の記事を書きます。**コメントに書かれた質問への回答を、新たに1つのコンテンツとして投稿する。それだけで、立派なコンテンツの完成です。**

そして、その投稿にさらにコメントが付く。翌日、そのコメントに答える記事をさらに書いてみる。このように、コメントに書かれた質問への回答を続けるだけでも、書くネタに困るということはなくなるはずです。

1人の質問に答えると100人が共感する

コメント欄に書き込まれた質問に対して「記事」として答えを書くと、コメントを書き込んだ人は大いに感激すると同時に、そうでない人も、場合によっては100人以上が、「参考になりました！」と共感を示してくれます。

なぜ1人の人が投げかけた質問に答えると、100人の人が共感するのでしょうか。それは、「オンリーユー・ライティング」の原理と同じです。「悩み」や「疑問」というのは、そんなにバラエティに富んでいるわけではなく、同じような悩みを抱えている人がたくさん存在するのです。

あなたが「困ったな」「不便だな」「何とかならないかな」と感じているならば、10人、いや、100人、いいえ、もっと多くの人が、同じような悩みを抱えているはずです。

つまり、**寄せられた「悩み」や「質問」というのは、ほんの一部なのです。**

1つの悩みごとがあれば、同じ悩みを抱えている人は、10人、100人、それ以上いるのです。

あなたは1人から寄せられた「悩み」や「質問」に、ソーシャルメディア上で丁寧に答えていく。そうするだけで、たくさんの人からの共感が得られ、ソーシャルメディアの人気者になることができるのです。

また、「1人の質問に答えることは、100人を満足させていることなんだ」と意識してみてください。この回答は1人の人しか読まない、とイメージするとモチベーションは上がりませんが、100人が参考にして必死に読んでくれるとわかっていると、ライティングのモチベーションも大いに上がるでしょう。

「質問サイト」はネタの宝庫である

自分のソーシャルメディアには読者が少なく、コメントが書き込まれない。あるいは、読者に質問を投げかけても「読者の声」が全く集まらない。

そういう場合は、インターネット上に既に存在している質問について、自分で考えて自分なりに答えてみる、というやり方がいいと思います。

例えば、みんなが疑問に思っている「共通質問」を探すために、「質問サイト」を利用するのもいいでしょう。「質問サイト」とは、先述した「はてな」「OKWave」、さらに「教えて！ goo」など、ユーザーが「質問」を書き込み、別のユーザーがその「質問」

に答えるというコミュニティサイトです。

＊はてな　http://www.hatena.ne.jp

＊OKWave　http://okwave.jp

＊教えて！　goo　http://oshiete.goo.ne.jp

例えば、「OKWave」には、500万件以上の質問と2000万件以上の回答が掲載されています。

つまり、多くの人が疑問に思うような「共通質問」は、こうした「質問サイト」上で既に質問されている、といっていいでしょう。

ほとんどの人は、自分の疑問に対する「回答」「解決法」「解答」を探すために質問サイトを利用していますが、我々のような情報発信者は、どんなことが質問されているかを調べるために利用できるのです。

自分のメディアの読者が抱えている悩みに近いであろう質問を、「質問サイト」内の「検索」で見つけたら、それに対する回答を自分なりに考え、その「質問サイト」に書くのではなく、自分のメディアにコンテンツとしてまとめるわけです。

この場合、引用元をきちんと明記するようにし、質問の地の文をそのままコピペして勝手に借用する、といったことはしないよう、注意しましょう。

読者からコンテンツを募集してしまう

ネタに困ったとき、読者から「質問」を募集する方法を説明してきました。でも、さらに凄い裏技があります。

それは、読者からコンテンツそのものを募集してしまうという作戦です。

私はメルマガ「シカゴ発　映画の精神医学」を発行していますが、以前、読者の映画評を紹介するコーナーを持っていました。「読者のみなさんが書いた映画批評をお送りください。メルマガで紹介させていただきます」というように読者からコンテンツを募集したところ、結構な数の応募がありました。それを抜粋して、その映画評に対する私のコメントを数行付け加えて掲載する。それだけで、読み応えのある立派なコンテンツができ上がりました。

Facebookでは「○○の写真を投稿してください」といったイベントを見かけますが、それらも読者にコンテンツを提供してもらう、という点で同じことです。

このように、**読者から「○○についてのご意見をお寄せください。○○上で掲載させていただきます」とコンテンツを募集すると、自動的にコンテンツが寄せられ、自分のメディア上に濃いコンテンツをほぼ労力ゼロで掲載することができるのです。**

セミナー、講演会で最も濃いネタを集める

ネタに困る前に読者ニーズを調査しておく

ネタに困ったら読者に質問を投げかけましょうといいましたが、ネタに困っていないとしても、読者ニーズの調査というのは常に行うべきです。

読者が何を知りたいのか、読者が興味のあることは何か、読者の悩みや疑問点は何か。そうした読者ニーズを把握し、そのニーズを満たすコンテンツを書いていけば、あなたのコンテンツに対する読者満足度は飛躍的に高まるからです。

もしあなたが、セミナーや講演会の講師、勉強会やイベントの主宰者などとして活躍しているのなら、そうしたセミナーは読者ニーズを把握する絶好の場となります。

アンケートによるニーズ調査をする

まず、セミナーや講演会の申し込みフォームに、「このセミナーであなたの知りたいことは何ですか?」という項目を必ず入れてください。まさにそれが参加者の「知りたいこと」、すなわちニーズとなります。その内容をセミナーに盛り込むと、セミナー満足度は飛躍的に高まります。

さらに、その「知りたいこと」についてソーシャルメディア上に記事を投稿すると、読者から高い反応率が得られ、感謝されます。同じ疑問を持っている人がたくさん存在するからです。

アンケート項目に「知りたいこと」を入れる場合は、必ず「入力必須」項目として設定してください。入力してもしなくてもいい設定にしておくと、書き込まない人がほとんどになってしまいます。「入力必須」に設定すると、何人かに1人は、非常に細かく、自分の知りたいことを記述してくれます。

セミナー参加者はモチベーションが高い人ばかりなので、アンケートに対する協力度が圧倒的に高いだけではなく、本当に知りたい内容を真剣に書いてくれます。通常の読者アンケート以上に、質の高い回答を集めることができます。

質疑応答の内容を参考にする

セミナーや講演会の最後に質疑応答の時間がありますが、そこでの「質問」は、かなり重要です。たまにピントのズレた質問をする人もいますが、わざわざ挙手して質問するということは、「どうしても知りたい内容」「本当に解決したい疑問」があるということだからです。

また、自分が質問したかった内容を、他の誰かが質問してくれるということもよくある話です。質疑応答の時間には、みんなが疑問に思っている「共通質問」が出てくる可能性が、非常に高いのです。**「共通質問」について適切に答えることは、何百人もの人たちの潜在的な疑問に答えているのと同じことです。**

私は、質疑応答で出た質問に関することは、次回のセミナーに盛り込むようにしていますし、そうした質問をネタにして、ソーシャルメディアにコンテンツを書くようにしています。

懇親会は情報聴取の絶好の場と心得よ

セミナーにおいては、懇親会が重要です。セミナー本体よりも、懇親会のほうが重要だといってもいいくらいですが、その重要性について知っている人は意外と少ないものです。通常、セミナー参加者の3分の1から半分くらいしか、懇親会に参加しませんから。

懇親会の場では、自分の疑問をそのセミナーの講師や演者に、直接質問することができます。それは、参加費の何倍もの価値があると思います。自分の一番知りたいことをピンポイントで教えてもらえるのですから。

また、講師の立場からいっても、懇親会は重要なニーズ聴取の場となります。なにしろ、今述べたように、懇親会では参加者が一番知りたかったことを質問してくれるからです。それは、「参加者が最も知りたい情報、ノウハウ」です。次のセミナーに反映したり、あるいは懇親会で出た質問への回答をソーシャルメディアに投稿すると、爆発的な反応が得られます。

懇親会の場では、ただ飲んでいるだけという人も多いのですが、それではもったいない。私は、「これは」という質問をされたときは、お酒の場であっても、すかさずメモするクセをつけています。やはり酔っ払っているので、メモしないと100％忘れてしまいます(笑)。

懇親会の場では、本音が出ます。お酒も入っているので、「こんなことを質問したら恥ずかしい」という気持ちも薄まります。「本当に知りたいこと」だけを質問してくれるのですから、これ以上のニーズ調査の場は存在しない、といっていいでしょう。

第6章

「スピード・ライティング」で忙しくてもガンガン書ける

「スピード・ライティング」でビジネスを加速する

時間をかけず、効率的に書くことが必須条件である

ソーシャルメディアのライティングについて一通りの方法を説明してきました。

しかし、実際にソーシャルメディアに書く段になると、本業が忙しく、思ったように時間がとれない、あるいは、しっかりとした記事を書くのに、時間がとられすぎる、という問題に直面するでしょう。

ソーシャルメディアは、あなたのブランディングを助け、あなたのビジネスを助ける「補助ツール」です。ですから、ソーシャルメディアに時間をとられすぎて、本業がおろそかになる、というのは本末転倒です。

ソーシャルメディアに取り組む場合、時間をかけずに、質を落とさず、より速く、効率的に書く、ということが絶対に必要になってきます。

本章では、時間をかけずに、短時間で効率的に書く「スピード・ライティング」についてお伝えします。

「書く準備」がスピードを加速する

「スピード・ライティング」の絶対条件～「料理の鉄人ライティング」

文章をスピーディーに書く。そのためには、「料理の鉄人」における、スピーディーな調理法が参考になります。

昔、「料理の鉄人」というテレビ番組があったのをご存じでしょうか？　「鉄人」と呼ばれる料理人と挑戦者が戦い、それぞれの料理を審査員がジャッジ、勝敗を決めます。

まず、テーマ食材が発表されます。キッチンスタジアムには、テーマ食材の他にも、何種類ものバラエティに富んだ食材が並べられています。鉄人と挑戦者は、テーマ食材が発表された直後、瞬時に料理の構成を考え、食材を持ってきて、すぐに調理を開始します。制限時間は、わずかに60分。しかし、たった60分で素晴らしい料理ができ上がるのです。

日々、私が行っているライティングは、まさにこの「料理の鉄人」での調理法と似ています。食材は全て、そこにそろっています。

その食材を組み合わせ、メニューを構成し、調理していく。つまり、あらかじめ集めておいた材料（ネタ、情報、ニュース）からどれを使うのかを選択し、文章の構成を考え、書き進めていくのです。

大切なのは、最初に材料が全てそろっているということ。つまり、文章を書き始めてから材料を調達しに行くのでは、時間がかかりすぎるのです。

自分のネタ帳の中に、何十個ものライティングの小ネタが集められていれば、そこから必要なものを1〜2つ取り出せば、すぐに記事の1〜2つはでき上がります。

もちろん、書いている途中で、詳細を調べるということはあります。しかし、これから何を書こうかな、とゼロからニュースサイトを検索するようなライティングをしていては、時間がかかってしょうがありません。

材料集めは事前に済ませておこう

材料調達（ネタ集め）は、可能な限り事前に済ませておき、文章を書き始めたら一心不乱に書くべきです。文章を書くのには、非常に高い集中力が必要です。一方で、検索したり、いろいろなサイトやブログを見てネタ集めをするというのは、それほど集中力を必要としません。

私の場合は、テレビを見ているような緩い時間に、パソコンを開きながら「ネタ集め」の作業をこなします。また、第5章でお伝えしたように、自動的に情報が集まるような仕組みを作っています。

「今から記事を書くぞ！」と、モチベーションも集中力も高まったときに、検索したり情報集めを始めたりすると、せっかく高まった集中力もリセットされてしまいます。**文章を書きながら調べる、という行為は文章を書くスピードを落としてしまう原因なのです。**

1ヶ月で1冊の本を書き上げる男のライティング・テクニック

「樺沢さんの本は、300ページもあって凄《すご》いボリュームですが、どのくらいの期間で執筆するのですか？」という質問をよくされます。私は「1ヶ月」と答えるのですが、相手は必ずびっくりします。300ページの本を1ヶ月で書くのは、ほぼ不可能でしょう。それができる作家は、ほんの一握りだと思います。

しかし実際、本書の場合も、本格的な執筆開始から約1ヶ月で原稿を書き上げています。どうすれば、1ヶ月で300ページもの本を書き上げられるのでしょうか。

厳密にいうと、3ヶ月かかっています。構想、目次作成に1ヶ月。取材、資料集めに1ヶ月。そして、実際の執筆に1ヶ月です。

1ヶ月という短時間で執筆するために重要なのは、「構想、目次作成」と「取材、資料集め」が、執筆の初期段階で既に終了している、ということです。**執筆中に「次に何を書**

こうかな?」と迷ったり、考えたりするということが、ほとんどないのです。

「何を書くか」という内容は、頭の中に既にでき上がっています。「目次」という文章の設計図が、小項目単位ででき上がっていますから、後は、ただ書くだけです。文字を入力するという物理的、肉体的な作業に1ヶ月を要する、ということです。

「構成を考える」「アイデアを出す」「資料を集める」といった「書く」以外の作業は、全て書き始める前に、可能な限り終了させておくことです。

それによって、「書く」ことだけに、脳のリソースを100%費やすことができます。余計なことは、全く考えない。ただ、高い集中力を維持し、一心不乱に書き続けるだけ。この方法だからこそ、1ヶ月で300ページの本を書き上げることができるのです。

考えすぎずに、まず「サラリ」と書いてみよう

「よく考えて書く」と「とりあえず書く」の2つのスタイルがある

多くの人の心に響く文章を書きたい。そういう「思い」、あるいは意気込みが強くなればなるほど、文章は書けなくなります。「凄い文章」を書こう、「立派な文章」を書こうと考えれば考えるほど、筆の速度が遅くなるのです。そして、「良い文章を書こう」と思う

ほどに、書く作業が苦しくなっていきます。

文章には、大きく分けて2つのスタイルがあります。1つは、構成を練り、熟慮に熟慮を重ね、十分に考えた上で書き始める文章。もう1つは、とりあえず思いついたら書いてみる、頭よりも、まず手を先に動かしながら書く文章です。つまり、書き方としては、「よく考えて書く」と「とりあえず書く」の2通りの書き方があるのです。

あなたが本を1冊書くとか、学術的な論文を書くとか、会社に提出する重要な書類を書く場合は、「よく考えて書く」ことは大切です。しかし、ソーシャルメディアに書く場合は少し違います。ソーシャルメディアへの投稿は、日々の日課、毎日やるべき日常的な行為です。これが何ヶ月も、そして何年も続いていくのです。

ソーシャルメディアに書く場合、「よく考えて書く」ことにこだわりすぎてしまうと、1日につき1時間以上もの時間をとられるかもしれません。それが毎日続くということになれば、あなたがよっぽど時間をもてあましているのではない限り、本業に支障をきたすことは確実でしょう。

ですから、**「よく考えて書く」ということに、あまりこだわりすぎないでください。ソーシャルメディアに書く場合の基本スタンスは、「とりあえず書く」ことです。**とりあえず書いてみて、グレードが低ければ、加筆、修正してグレードを上げればいいだけの話なのです。

執筆にかけた時間と反応率は比例しない

私がFacebookに書いた記事で、1000回「いいね！」をクリックされた記事があります。「いいね！」というのは、Facebookにおいて、その記事に共感した人がクリックするボタンです。つまり、1000人もの人がその記事に共感し、賛同してくれた、ということを表します。ちなみに、日本には数万のFacebookページがありますが、1000以上の「いいね！」が付くFacebookページは数えるほどしかありません。

その1000回以上「いいね！」をクリックされた記事の1つが、「共通話題」のところでもご紹介した、「なでしこジャパン、世界一。おめでとうございます！」の記事です。

私の普段の「いいね！」のクリック数は平均すると300程度ですから、普段の約3倍もの反応が出た、ということになります。「なでしこジャパン」が世界一を決めた、その日に書いた記事。わずか10行、200文字程度の短い記事ですが、記録的な反応率をたたき出しました。

では、この記事を書くのに要した時間は、あなたはどれくらいだと思いますか？

答えは、たったの「5分」です。実は、この記事は外出する直前に書いたものです。あと10分で出かけなくてはいけない、今日はいろいろと予定が詰まっており、今書かないと今日はもうパソコンを開く暇もない、という状況。とりあえず何か書こうと思い、5分でサラッと書いた文章で1000の「いいね！」をいただけたのです。

つまり、**「長い時間をかければ良い文章が書ける」、というわけでもないのです。短い時間で、「とりあえず」、サラッと書いた文章への反応率が高く、考えに考えて書いた文章への反応率が低い、ということはよくあることです。**

「なでしこジャパン」の記事が1000回「いいね！」をクリックされた理由を分析するならば、自分の頭に「パッ」と浮かんだことを書いたのがよかったからだと思います。

だいたい人間というのは、同じような発想をするものです。「パッ」と頭に浮かんだこと、それと同じような考えや感情を抱いている人は、世の中にたくさんいるのです。つまり、直感的に書いた文章は、「共感」されやすい、ということ。

「共感ライティング」の視点からいっても、あまり時間をかけすぎずに、直感的に書いた文章のほうが、共感されやすい傾向が高いといえるでしょう。

あのベストセラー小説の執筆時間は？

もちろん、熟慮して書いた文章に対して高い反応率が出ることもあります。しかし、多くの人は、「書くのに時間をかければかけるほど良い文章になる」と勘違いをしているのです。とりあえず書いてみればいいのに、ただ考えているだけで筆を動かさないのは、時間の無駄です。

私は村上春樹さんの『ノルウェイの森』（講談社）という小説が大好きです。非常に人間洞察の深い作品だと思います。『ノルウェイの森』は、累計1000万部超のベストセラー。日本で最も売れた小説の1つです。

では、村上氏は、この小説をどのくらいの時間をかけて書いたのでしょう。答えは、わずか、「17時間」です。早朝から書き始め、その日の深夜まで一気に書き続けて、第1稿を書き上げたのだそうです。もちろん、その後推敲《すいこう》や修正をしたでしょうから、トータルではもっと時間はかかっているでしょうが、第1稿は何週間、何ヶ月もかけて書いたわけではないのです。

「書くのに時間をかければかけるほど良い文章になる」というのは誤りです。**執筆にかけた時間と文章の良し悪しは比例しない**。これをよく覚えておいてください。

熟考に熟考を重ねて書くのではなく、「とりあえず書く」ということがとても重要です。あまり考えずに、「とりあえず書く」。

第1稿をできるだけ速く書くことが、「スピード・ライティング」の第一歩です。

文章は推敲するものであると覚えておく

文章は、書き直すことができます。後から修正することもできます。修正できないのは、大学入試科目の「小論文」くらいのものでしょう。

ブログに書いた文章も、後から修正したり、加筆することができます。メルマガの場合は、一度発行すると修正することはできませんが、「発行」ボタンをクリックするまでは、納得のいくまで、何度も推敲と修正を重ねることができます。

文章は推敲して、良くしていくものである。これを、よく覚えておいてください。つまり、最初から完璧なものを書くのではなく、書いたものを直し、より高いグレードのものへと磨き上げていくのが文章というものなのです。

人の目に晒《さら》すまでは、何度でも修正することができますし、ホームページ、ブログやFacebook（「写真」投稿の場合）へ書いたものなどは、投稿した後からでも修正することが可能です。

ですから、「とりあえず書いてみる」ことが重要です。たたき台となる第1稿がないと、それを磨き上げることは不可能ですから。

また、「書く」とは「考える」作業そのものです。黙って腕組みをしながら考えるよりも、文章を書き始め、文章を書きながら考えたほうが、同じ考えるにしても「考え」はより深まりますし、より良いアイデアも浮かびます。

文章は、後からいくらでも直せる。そう思えば、「とりあえず第1稿を書いてみよう」と気分が楽になると思います。

「5-8-10の法則」で文章をグレードアップする

とりあえず書いてみて、推敲しながら、文章のグレードを上げていく。では、どのようなイメージで推敲作業を進めていけばいいのでしょうか。

なかなか筆が進まない人というのは、最初からレベルの高いものを書こうとしているのだと思います。自分にとって最もよく書けた文章を「10」とする場合、最初から「9」や「10」のグレードの文章を書こうとする。そういうスタンスで文章を書こうとするならば、文章は出てこなくなり、筆が進まなくなるのは当然です。

ソーシャルメディア・ライティングでは、最初から「9」や「10」のグレードで書く必要は、全くないのです。小説家などで、第1稿を書いたら、後はほとんど直さないというスタイルの方もいるようですが、それは全く別の世界の話です。

最初から「9」のグレードで文章を書くというのは、プロの作家やライターでもなければほとんど不可能な話で、それをやろうとすると膨大な時間がかかります。

私は、「5-8-10の法則」を意識して文章を書いています。とりあえず「第1稿」というのは、レベル的には「5」くらいのものでいいと思っています。次に、読み返して修正を入れて「8」にする。さらに、最終チェックをして「10」にする……。

最初は、「5」のレベルでいいのです。「5」ではなくても、「2」でも「3」でもいいのですが、「たたき台」となる文章があまりにもレベルの低すぎるものだと、今度は修正に時間をとられすぎてしまいます。あるいは、最初がレベル「1」の文章だとしたら、根本的に文章の構成や方向性自体に問題がある場合も考えられます。

したがって、「レベル5の文章を書こう」「完成時の半分のグレードの文章を書こう」と思って書いてみてください。あくまでも、「気持ち」の問題であって、最初に書いた文章が「レベル5」なのか「レベル3」なのか、あるいは「レベル7」なのかは、誰が評価するわけでもなく、自分でも正確に評価できるわけではありません。

「最初は、レベル5の文章でいい」と思う。その心構えが、執筆時間を最短化するのです。

登った分だけ違った風景が見える

とりあえず、「通しで最後まで書く」ということが重要です。なぜなら、最後まで書かなければ全体像が見えないからです。全体像が見えないと、良いも悪いも、自分で判断することができません。書いている途中は「つまらない文章だな」と思っていても、でき上がってみると、「結構良い文章だな」と思うこともよくあります。

文章を書いている途中は、「局所」「部分」しか目に入らないのです。常に文章の全体を見通しながら1行1行を書いている人は少ないと思います。それよりも、今書いている「1行」について、より良い1行を書こうと思っているはずです。

登山をする人はよく体験することですが、山は少し登るごとに、見える風景が少しずつ変わっていきます。高く登るほどにより遠くまで見通すことができるようになり、視界も開けます。これと同じことが、文章を書く上でも起こります。文章を書き進めるほどに、自分の「立ち位置」がドンドン、高くなっていくのです。

つまり、いろいろなことが、客観的に見えるようになってくるということです。

最初は見えなかったものが、文章をドンドン書くことで、ドンドン見えてくる。

ですから、書く前にどう書こうかあれこれ迷っているのは時間の無駄といえます。ある程度文章を書いて、高い立ち位置から文章を俯瞰《ふかん》したほうが、より具体的な改善点が見えてきます。

「とりあえず通しで最後まで書く」ことに、非常に大きな意味があるのです。

ライティング・デバイスでスピードアップする

入力用パソコンは1台にする

パソコンをヘビーに使いこなしている人にとっては、パソコンを2台以上持つのは、普通のことかもしれません。家ではデスクトップ・パソコンを使い、外出先ではノートパソコンを使う。そして、職場では会社のパソコンを使う、ということで1日に2台以上のパソコンを使っているという人も少なくないはずです。

これはスピード・ライティングという観点から見ると、あまり良くないことだと思います。私は、ノートパソコンとデスクトップ・パソコンを使っていますが、家にあるデスクトップ・パソコンは、一切、ライティングには使いません。ライティングは、自分のノートパソコンだけで行います。家のパソコンは、画像、動画、音声などの編集と保存に使い、また、ノートパソコンには音声や動画系のソフトは一切インストールしないというように、使い分けています。

人間の手には「適応力」がありますから、2台のパソコンのキーボードを打つことも器用にこなします。しかし、キーのピッチやキーの配列などはパソコンによって微妙に異なりますから、入力速度は間違いなく低下してしまいます。どのくらい入力スピードが低下するのか、厳密に測定するのは難しいのですが、仮に10%の効率ダウンだとしましょう。その場合、100時間ライティングをすると、10時間ほどロスするわけですから、とんでもない効率低下につながっているはずです。

入力の作業を1台のパソコンだけで行うと、入力スピードが非常に速くなります。使えば使うほど、ドンドン速くなっていくことを実感するでしょう。

逆に2台のパソコンを使い分けると、どうしてもパソコンを替えるたびに、若干の違和感を持たざるを得ません。そうした違和感は、脳への負担となって表れます。脳は2つのパソコンの異なるキーに無難に適応しているように見えますが、その分だけ疲れますし、それがさらなる入力効率の低下の原因にもなるでしょう。

2台以上のパソコンで入力すると、データを「同期」させたり、あるいはクラウドにファイルを上げてそこにアクセスする、といったさらなる工夫をしなければいけません。しかし、1台のノートパソコンをライティング用のパソコンにするだけで、データの同期も全く不要になり、さらに無駄な時間を節約することができるでしょう。

最適なキーボードの「ピッチ」を選択する

人によって、手の大きさは違います。通常は、男性よりも女性のほうが小さく、指も細い。あるいは、身長の高い人よりも、低い人のほうが手が小さくなる傾向があります。

キーボードには、ピッチというものがあります。キー同士がどれだけ離れているのか、その距離のことです。手が大きい人がピッチの狭いパソコンを使っていると、隣のキーをたたいてしまうなど、打ち間違いが多くなります。


誤入力を削除して再入力する。それは、かなりの時間のロスにつながり、スピード・ライティングを実現するには、そうした時間のロスを少しでも削らなければいけません。


以前、私はソニーのＶＡＩＯのノートパソコン、キーピッチ17ミリのものを使っていたのですが、キーボードが非常に狭い感じがしていました。パソコンを買い換えるときにパナソニックのLet's noteのキーピッチ19ミリのものにしたところ、圧倒的に入力しやすくなりました。たった2ミリの違いですが、誤入力も減り、速い速度で入力していてもとても快適なのです。私にとっては、キーピッチは19ミリがベストであることがわかりました。

よくカフェなどでＢ5サイズのノートパソコンを使って、打ちづらそうに入力しているビジネスマンがいます。明らかにキーピッチが狭いのです。小さなパソコンは持ち運びには便利ですが、どうしてもキーピッチが狭くなりますので、入力しづらくなります。

ノートパソコンを買う場合は、自分にとって最適なキーピッチなのかをよく確認してから購入してください。あるいは、ノートパソコンを買い換える場合など、前のパソコンとキーピッチが異なるパソコンを買ってしまうと、入力しづらくて非常に不便になったりすることもありますから、注意が必要です。

マウスなしで「スピード・ライティング」はできない

私はノマドワークスタイル、すなわちカフェなどで仕事をすることが多いのですが、そのときはパソコンだけではなく「マウス」と「マウスパッド」も必須ツールとなります。

カフェでパソコンを使って仕事をしているビジネスマンはたくさんいますが、なぜかマウスを使わずに、タッチパッドで操作している人が多い。タッチパッドとマウスでは、どちらが入力しやすいでしょう。「タッチパッドのほうが、マウスよりもはるかに快適！」という人は少ないと思います。それなら、カフェなどの出先で仕事をするときにもマウスを持っていったほうが、ライティング・スピードがアップします。

あるいは、マウスを使っているといっても、ラインで接続する形式のものを使っている人もいます。ワイヤレスマウスという便利なものがあるのに、いちいち抜き差しして接続しなければならず、操作性も悪い旧式のマウスを使っている理由が私にはよくわかりません。数千円ほどで、非常になめらかに動く便利な道具を手に入れられるというのに、なぜその手間を惜しんでしまうのでしょう。

また、マウスを選ぶ場合は必ず、自分に最も合った、快適なマウスを選んでください。大きなパソコンショップには、数十種類のマウスが試用できるような店がありますので、そういうところで操作性を必ず体感してから購入することです。

マウスの重さと動きのなめらかさ、クリックしたときの硬さ、柔らかさなどが、マウス購入の指標となります。軽すぎても、なめらかすぎても、使っている感じがしなくて、操作性は低下してしまいます。**自分の感覚に合ったマウスを使うことが、入力速度、結果としてのライティング・スピードに大きな影響を与えるのです。**

マウスパッドへのこだわりを持つ

加えて、ノマドワークの必需品として、「マウスパッド」があげられます。今のワイヤレスマウスは非常に高性能なので、マウスパッドなしでも使えます。しかし、テーブルによってすべすべのところもあるし、そうでないところもあります。

マウスがすべる感覚が違うわけですから、そうした違和感を排除し、いつも均質なライティング環境を実現するためにも、マウスパッドを持ち歩くことは不可欠です。

カフェでパソコンを使って仕事をしているビジネスマンのうち、マウスパッドを使っている人というのは、私の見る限り5人に1人くらいでしょうか。まだまだ少数派です。

プロ野球選手は、自分専用のバットをバット職人に作ってもらうそうです。他人のバットは、感覚が微妙に違うので全く使いものにならない、といいます。

ライティングの道具もそれと同じことです。**いつも同じ道具を使い、全ての感覚を均質化することで、ライティング・スピードは最速になるのです。**

自分のキーピッチに合ったパソコンを使う。自分に合ったマウスやマウスパッドを使う。自分に合ったツールを手に入れた瞬間からライティング速度がアップするわけですから、こうした物理的な環境を整えるということは、最初にとるべき行動といえるでしょう。

日本語入力ソフトと単語登録で入力スピードを大幅加速する

「Google 日本語入力」を使っていますか？

速く書くための方法についていくつか説明してきましたが、ライティング・スピードを加速する最も重要な方法を1つあげろといわれると、それは「Google 日本語入力」を使用することだと答えます。

あなたは、どの日本語入力ソフトを使っていますか？　Windows ユーザーであれば、ATOKなどの日本語入力ソフトをインストールしていない限り、最初からインストールされている「Microsoft IME」を使っているはずです。

この「Microsoft IME」というのは、あまり使い勝手の良くない日本語入力ソフトです。上級のパソコンユーザーで、あるいは文章を書くことを仕事にしている人で、「Microsoft IME」を使っている人は少ないと思います。

では上級パソコンユーザーはどの日本語入力ツールを使っているのかというと、ATOKを使っている、という人が多いと思います。ATOKは、「一太郎」を出しているジャストシステムが開発、販売している日本語入力ソフトで、変換精度や学習能力が高いソフトです。

私も以前はATOKを使っていたのですが、実は今では「Google日本語入力」を使っています。これを使い始めるとやめられなくなります。ウェブで使われている膨大な用語をカバーする豊富な語彙力と、強力なサジェスト機能が魅力です。

サジェスト機能とは、単語の最初の数文字を入力するだけで、適切な検索候補を表示してくれる機能です。Googleの検索窓に入力すると、1～2文字の入力で候補を表示してくれますが、それと同様のものと考えていいでしょう。これによって、文字入力にかける時間を大幅に削減することができます。

例えば、「なでしこジャパン」と入力します。次の行で、「な」と1文字入力すると、

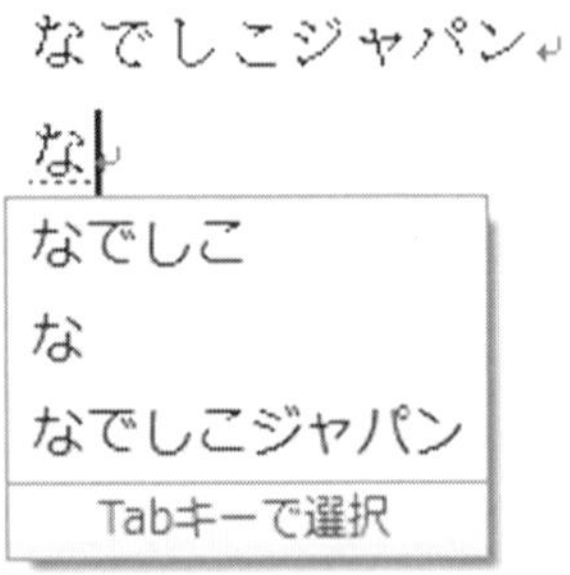

「Google 日本語入力」で入力を楽にする

「なでしこジャパン」が変換の候補として表示されるのです。単語登録をしなくても、最近使用した単語が、最初の1~2文字を入力するだけで候補として表示されます。2回目から「なでしこジャパン」が「な」+「↓」+「エンター」とするだけで入力できてしまう。これは、凄く便利なことです。

さらに凄いのは、「Google 日本語入力」は完全に無料で使えることです。

以下のページから、簡単にダウンロードすることができます。

＊Google 日本語入力　http://www.google.com/intl/ja/ime

「Google 日本語入力」は、Windows 版の他、Mac 版もあり、また Android 版もリリースされています。是非、一度使ってみてください。

「単語登録」が命！　辞書ツールを鍛えよう

私はメルマガを発行していますが、メルマガ登録をするときに、メールアドレスを誤入力する方がかなりたくさんいらっしゃることに驚きます。いちいち手動でメールアドレスを入力する人がこんなにたくさんいるんだ、と。私の場合は、「めあど」と入力すると自分のメールアドレスに自動変換されるようにしています。したがって、1秒もかからず、入力間違いもなく、入力することができます。

自分の使用している「辞書ツール」に、「単語登録」をしておくと、メールアドレスでも、住所でも、1秒もあれば入力することができます。

よく使うフレーズも単語登録しておくと便利です。例えば、次の通りです。

「あり」↓ありがとうございます！
「こんよろ」↓今後ともよろしくお願いいたします。
「こちよろ」↓こちらこそよろしくお願いします。
「おは」↓おはようございます。

また、私は自分の著書名もよく使うので、当然「単語登録」をしています。

「つぷろ」↓ツイッターの超プロが教える Facebook 仕事術
「めぷろ」↓メールの超プロが教える Gmail 仕事術
「くるたの」↓「苦しい」が「楽しい」に変わる本（あさ出版）

あるいは、本書を執筆するにあたり、何度も登場する言葉を「単語登録」しました。

「そめ」↓ソーシャルメディア

「そめら」→ソーシャルメディア・ライティング
「ふぇ」→Facebook
「ふぺ」→Facebookページ

このように、よく使う言葉を「単語登録」することによって、入力速度を飛躍的に高めることができます。さらに打ち間違いも減ることによって、大幅な時間短縮に役立ちます。

パソコン上級者は、「何を当たり前のことを」と思うでしょうが、パソコン初心者の方のなかには、「単語登録」機能自体を全く知らない人も少なくありません。

あるいは、「単語登録」という機能は知っているのに、メールアドレスや住所など、何度も入力するような重要事項を「単語登録」していなかったりします。自分の名前、住所やメールアドレスなど、一生の間に何百回、何千回と入力するであろう言葉を、意外にも登録していない人は多いのです。

「単語登録」機能を使いこなす。辞書ツールを徹底して鍛える。

これによって、入力自体がスムースでストレスフリーになっていきます。脳に負担をかけずに、スラスラと入力できるようになると、書くことが実に楽しくてしょうがなくなります。

今一度、あなたが「単語登録」機能を使いこなしているか、見直してください。

第7章

ソーシャルメディアのマナー ～やってはいけない10のこと

ソーシャルメディアでマナー違反をしないように注意する

「やってはいけない10のこと」を念頭において書き込もう

Facebook、Twitter、mixiなどのSNSに取り組んでいる人は既にお気付きかと思いますが、こうしたソーシャルメディアには、暗黙のルールがあります。暗黙のルールとは、成文化されていないルールのことです。

「それはソーシャルメディア上では、失礼なことなんですよ」「それは、マナー違反ですよ」と注意されて、ようやく気付くということがあります。実際、私もFacebookを始めた直後に、経験したものです。

そうした暗黙のルール、マナーがあるのなら、失敗したり、恥をかいたり、バッシングされたり、といったマイナスの反応を引き起こす前に知りたい、と思うでしょう。

「ソーシャルメディアのマナー」「ソーシャルメディアのルール」というように、わかりやすく、また適切にまとめられたものを、私は読んだことがありません。

おそらくそれは、「社会で生きるための10ヶ条」をまとめるのと同じくらい難しいことなのでしょう。

ドライブテクニックがどんなに素晴らしくても、交通ルールを全く知らずに公道を走るのは危険です。同じように、ソーシャルメディアの初心者の方は、ある程度の指針がないと困ると思いますので、今回、「ソーシャルメディアのマナー～やってはいけない10のこと」として、成文化されていないソーシャルメディアのルールを文章化することに挑戦してみます。

「やってはいけない10のこと」という表現になってはいますが、絶対にやらないほうがいい、というよりは「やらないほうが無難である」というほうが、正しいかもしれません。ソーシャルメディアに何を書こうと自己責任ですから、責任を取れるのなら何を書いてもいいのです。

しかし、たくさんの批判が書き込まれて炎上したり、うっかり書いてしまった一言で、自分への否定的な評判がインターネット上に爆発的に広がるのは、避けたいものです。

ですから、ソーシャルメディアの初心者だという方には、「やってはいけない」と認識していただくのが安全でいいと思います。

この10ヶ条には、ソーシャルメディア・ユーザーにとっては、とても重要なことが集約されています。

是非、ソーシャルメディアに何か書き込むときには、常に念頭において、マナー違反にならないように注意して欲しいと思います。

その1　自分がされて嫌なことは、ソーシャルメディアではやらない

「ソーシャルメディアのマナー」「やってはいけないこと」といわれると、ソーシャルメディアというのは、ずいぶんと小難しい世界だな、と思う方もいるかもしれません。しかし、「ソーシャルメディアのマナー」といっても、実はそんなに難しいことではないのです。社会人として、ごく普通に生活している人にとっては。

「ソーシャルメディアのマナー」を一言でいえといわれるなら、「自分がされて嫌なことは、やらない」ということになると思います。

あなたはご自分のお子さんに説教するときに、「○○ちゃんが、同じことをされたら嫌だよね」と言ったことはありませんか？　あるいは、ご自分が小さいときに親や先生から言われたことがあるでしょう。

「自分がされて嫌なこと」をしなければ、法律に触れることでなければ倫理的、道徳的にはほぼOKといえるのではないでしょうか。誰も嫌な思いや不快感を抱かないのであれば、それは倫理上、道徳上、問題のある行為とはみなされないでしょう。

ソーシャルメディアを利用するときもそれと同じです。

「他の人が嫌に感じることはないか」「不快に思わないか」、と同時に「自分がされたら嫌に思わないか」を考えれば、大きなマナー違反を犯すことは、まずないと思います。

その2 特定の人物に読まれて困ることは、ソーシャルメディアに書かない

ビジネスマン向けのソーシャルメディアの特集記事などに、「Twitterで上司にフォローされたらどうする?」「Facebookで上司から友達リクエストされたらどうする?」といった設問と、それに対する対策がよく書かれています。

実際、こうした悩みを持っているビジネスマンは少なくないと思いますが、「Twitterで上司にフォローされて困る」という人は、ソーシャルメディアの使い方が間違っていると思います。

前述したように、ソーシャルメディアには「ガラス張り」という特徴があります。ですから、ソーシャルメディアで発言する場合は、1000人の前で話していると思いながら投稿しなくてはいけません。

常にそうした心構えでソーシャルメディアに書き込んでいれば、上司にフォローされたり、友達リクエストを受けても困る必要などないはずです。

1000人が読んでいるかもしれない。フォローする、友達になるのとは無関係に、その1000人のなかに自分の上司もいて、投稿を読んでいる可能性があるのがソーシャルメディアの世界なのです。

「誰でも見られる」のがソーシャルメディアの特徴ですから、困る必要などないですし、

困ってはいけないのです。上司にフォローされて困るのは、上司に読まれて困ることを投稿しているからでしょう。

例えば、上司の悪口をつぶやいている、ということはないにしても、就業時間中に禁止されているのにTwitterの投稿をしているとすれば、それは仕事をサボっている、ということで上司に見つかると困りますね。この場合、上司がフォローしている、していないにかかわらず、社内の就業規定に抵触するようなソーシャルメディアの使い方をすること自体が間違っているのです。

Twitterでは、フォロワーにならなくても、設定次第で誰でも投稿を読むことができます。Facebookでも、「友達」のみに公開の設定にするなど、公開範囲を限定していない限りは、多くの人が読むことができます。

友達にならなくても、あなたの名前を検索し、顔写真を見て、あなたの過去の投稿を全て読む可能性もあるのです。

つまり、あなたの上司は、Twitterであなたをフォローしていなくても、あるいはFacebookで友達になっていなくても、あなたの投稿を毎日読んでいるかもしれないのです。むしろ、読んでいると思っていないといけません。

原則として、ソーシャルメディアに書かれたことは誰でも読めます。Twitterアカウントを非公開にしたり、Facebookを特定の人以外には非公開にする設定で利用すれば別ですが、それではソーシャルメディアを使っている意味があまりありません。ほとんどの人は、ある程度、公開設定で使っているはずです。

Twitterは匿名で使っているからわからないだろう、というのもあてになりません。

匿名アカウントを使っているのに、自分のアカウントだとバレて大変なことになった、という話は山ほどあります。

ですから、**特定の人物に読まれて困ることは、ソーシャルメディアに書いてはいけないのです。**

いずれ必ずトラブルが起きます。誰に読まれても後ろめたくないことだけを、ソーシャルメディアに書くべきなのです。

その3　悪口、誹謗中傷を書かない

ソーシャルメディアで、悪口、誹謗《ひぼう》中傷を書かない。

実に当たり前のことではありますが、匿名掲示板と同じノリで、辛辣なコメントを残す方がときどきいます。

ソーシャルメディアというのは、「私はこういう人間です」ということを、みなさんにお伝えする場です。

ですから、あなたが人の悪口をしばしばソーシャルメディアに書いていると、「いつも人の悪口ばかり書き込んでいる人」というイメージが定着してしまいます。

あなたが、毒舌で有名なお笑い芸人を目指しているなら話は別かもしれませんが、そうでないならば、ソーシャルメディアに悪口を書いても、百害あって一利なしです。あなたは、「いつも人の悪口ばかり書き込んでいる人」というイメージで見られたくはないですよね。

匿名掲示板に辛辣な書き込みをしている人たちの多くは、日中は良識のある社会人として振る舞っているでしょう。自分の会う人、会う人に、誹謗中傷の言葉を浴びせかけ、喧《けん》嘩《か》を売りまくる人ではないはずです。なぜならば、社会とはたくさんの人が見ている、ソーシャルなスペースだからです。

ソーシャルメディアは、「インターネットの世界」に属するわけではなく、私たちが働いて、たくさんの人たちと接する「社会」と連続しているものです。

「ネット社会」と「リアル社会」というザックリとした区分でいうのなら、ソーシャルメディアは「ネット社会」ではなく「リアル社会」と連続しているのです。

ソーシャルメディアに不適当なことを書き込むと、その責任は「リアル」で取らなくてはいけません。

その辺の違いをよく理解せず、誹謗中傷や辛辣なコメントをソーシャルメディアに書いている人がいますが、注意したほうがいいでしょう。

リアル社会で、いつも人の悪口ばかり言っている人と、あなたは仲良くなりたいでしょうか。そんな人とお付き合いすると、今度は、いつ自分の悪口を言われるかわかりません。そういう人は、結局、友達を減らしてしまいます。

ソーシャルメディアでも同じことが起きてきます。人の悪口やネガティブなことばかり書き込んでいる人の記事は、読んでいても気分が悪くなるので、結果として誰も読まなくなります。

ソーシャルメディアに取り組む目的の1つは「交流」。つまり、「つながり」を増やし、多くの人と出会い、コミュニケーションを深めるために利用しているはず。

それが、誹謗中傷や悪口を書き込むことで、誰にも相手にされなくなってしまうわけですから、「交流」という意味で、全く逆効果の使い方であることがわかるはずです。

その4　他人の情報や写真を勝手に公開しない

先日カフェで、隣のテーブルで2人の女性が話をしていました。

友達と撮った集合写真が、そのなかの1人のFacebook上にアップされているのを偶然発見したそうです。

「自分はインターネット上に顔出しなんかしたくないのに、勝手に写真を公開するなんて、一体、どういうつもりなんでしょう。絶対に許せない！」と激怒していました。

みんなで撮った集合写真をFacebook上にアップする。Facebookユーザーにとっては当たり前のことかもしれませんが、まだまだ「インターネット上に顔出ししたくない」という人もたくさんいるのです。

インターネット上に写真を上げる場合は、写真を撮った後にでも「この写真、Facebookにアップしていいですか？」と、一言断りを入れるのが、マナーというものです。

自分の写真を自分でアップするのはいいのですが、他人が写っている写真を勝手にアップすると、このようにトラブルの原因となり、友情や交友関係を破壊することもあります。

また、「今、渋谷で佐藤一郎さんと飲んでいます！」といった書き込み。Twitterや Facebook上ではいくらでも見かけますが、他人の名前をソーシャルメディア上に書く場合には、必ず本人の同意をとってください。

私のように、本も出しているような人間であれば、インターネット上に名前が出れば出るほどうれしいのですが、「実名・顔出し」に抵抗がある人は、本名を勝手にインターネット上に出されることに不快感や怒りを抱く場合もあるのです。

あるいは、佐藤一郎さんは、いつもは名前を出してOKだとしても、この日は奥さんに「会社の残業」だと言い訳して、飲み会に参加しているのかもしれません。ですから、名前を出すのであれば、「Twitterでつぶやくけど、名前出していい？」とやはり一言、断ることが必要でしょう。

本来であれば、「今、渋谷で友達と飲んでいます！」でも、十分内容は伝わるわけです。そこに「佐藤一郎さんと飲んでいます！」と名前出しをする意味はあるのか、と考える。そもそも、安易に人の名前や行動を、インターネット上に書き込む行為そのものに注意を払うべきでしょう。

ある芸能人がトーク番組で、プライベートで飲みに行ったときに、その店の店員が、「今、芸能人の○○さんが、店に来ています！」とTwitterでつぶやいたため、人だかりができて迷惑した、せっかくプライベートで飲みに来たのに、台なしだ、と語っていました。

芸能人といえどもプライベートで来店している以上、その事実をインターネットで公開するというのは、非常に迷惑な話です。イベントなど公開の場で活動しているわけではなく、あくまでもプライベートの場ですから、公開していいはずがありません。まして、他の客がつぶやくのではなく、店員自らがつぶやくというのは、論外でしょう。それは、明らかに店の信頼を潰《つぶ》す行為です。

ソーシャルメディアに書くというのは、友達に携帯メールを送るのとは、全く違う行為なのです。

自分の行動をどこまでインターネット上に公開するかは自己判断で決定できます。しかし、公開したくない行動も当然あるわけで、それを自分の許可なく、他人に勝手に流出されてしまったのではたまりません。

他人の名前や行動について書くときには、本人に一言断る。他人が写っている写真をアップするときには、本人に一言断る。決して、無断で他人の情報をソーシャルメディアで公開しない。

そうした気遣いをしながらソーシャルメディアを上手に使えば、人間関係はドンドン深まります。一方で、そうした気遣いなしで、インターネット上で名前を書いて欲しくない人たちの名前を勝手に書いたり、書いて欲しくない行動を勝手にあなたが書き続ければ、あなたの交友関係はボロボロになり、誰からも信頼されない人間になってしまうかもしれません。

インターネット上に自分のことを書くのは自分の判断。他人のことを書く場合は、必ず一言断ってからにしましょう。

その5　自分を過剰にさらけ出しすぎない

インターネット上に自分のことを書くのは自分の判断だといったばかりですが、自分のことを書き込む場合にも、しかるべき注意が必要です。

あるドクターが、酔っ払った状態で大騒ぎしている写真を、Facebookの個人ページにアップしていました。

自分の「友達」しか見ていないと思うかもしれませんが、設定次第で、Facebookをやっている人なら、誰でも見る可能性があるのです。

つまり、自分の病院の患者さんが、その写真を見るかもしれないのです。その患者さんは、このドクターの姿を見てどう思うでしょう。あるいは、これからそのドクターの病院を受診しようと思って、ドクターの名前で検索した人が、その写真を見るかもしれません。そうなったときに、その人は「この病院に行きたい！」と思うでしょうか。

つまり、「特定の人物に読まれて困ることは、ソーシャルメディアに書かない」という項目と重複しますが、インターネット上では誰が見ているかわからないので、自分を過剰にさらけ出しすぎるのはよくない、ということです。

Twitter や Facebook では、自分の行動を報告するものだから、自分の行動報告や写真の投稿は当たり前のことだと思っている人が多いでしょうが、何でもかんでもさらけ出せばいい、というものではありません。

あくまで、ソーシャルメディアは「社会」的な場所なのです。公園で裸になる人がいないのと同じように、ソーシャルメディアで自分をさらけ出しすぎて精神的に裸の状態になってしまうと、見ている人にとっては気持ちのいいものではないでしょう。

アメリカでは、企業の採用担当者が応募者のFacebookをチェックするのは一般的だといいます。

なかには、麻薬の使用を投稿していたため不採用になってしまったということもあるそうです。どう考えても、麻薬の使用をインターネット上に告白するのは非常識だと思うのですが、その学生も、まさか就職先の人事担当者が自分の投稿を見るとは思わなかったのでしょう。

自分をさらけ出しすぎない。

当たり前のことですが、FacebookやTwitterでは、ついつい書きすぎてしまうことがあります。

あるいは、酔った勢いで不適切な写真をアップしてしまったりしますので、十分ご注意ください。

その6　露骨に売り込みをしない

Facebookページではビジネス利用が許可されています。だからといって、Facebookページに露骨に売り込み用の文章を書くと、非常にイメージが悪いものです。

もちろん、私も自分の本やセミナーの紹介を自分のFacebookページに書きますが、紹介の仕方などには工夫をしています。本の内容の一部を紹介して、読者に役立つような記事にするなど、内容のある「コンテンツ」として出すようにしています。

単なる「広告」「売り込み」で終わってしまうと、反感を持つ人がたくさん出てきます。「売り込み」的な書き込みに付く「いいね！」の数は非常に少ないことが、それを暗に示しています。

読んで役に立つ「記事」として仕上げるという工夫。

「広告」や「売り込み」が連続投稿されないような配慮や、連日、売り込みにならないような配慮も必要です。

繰り返しになりますが、ソーシャルメディアのユーザーは、「情報収集」と「交流」を目的としていて、物を購入することを第1目的にしているわけではないのですから。

自分のスペース、つまり自分のFacebookページやブログ内での売り込みは、あまりひどくなければ許される部分はありますが、他人のスペースで売り込むのは絶対にやめてください。

他人のスペースへの書き込みというのは、他の人のFacebookのウォールやコメント欄、あるいはブログのコメント欄など、他の人が管理人をつとめるサイト、サービスへの書き込みのことです。

例えば、コメント欄に自分のサイトのURLを張ったり、「Facebookページへの登録をお願いします」という文章を書く人がいますが、これも売り込みと同じです。

他人のスペースにURLを投稿するのは、たとえ自分では情報提供のためだと思っていても、売り込み、広告、宣伝とみなされやすいので、注意すべきです。

その7　酔っ払ってソーシャルメディアに書かない

最近は、スマホのユーザーも増えています。飲み会の席でパチリと写真を撮って、それに一言添えて、FacebookやTwitterにアップする、ということが簡単にできる時代になりました。みなさんやみなさんの周りの人も毎日のようにやっているはずです。しかし、これもまた注意が必要です。

酔っ払って書いた一言が大問題を引き起こす、ということがよくあるからです。

ソーシャルメディアというのは、何万人、何十万人が読むかもしれない公の場です。公

の場に酔っ払った状態で出ていくことは、しませんよね。

「Twitter の場合は、一度投稿し、それが誰かにリツイートされてしまうと、後から「不適切な投稿だった」と気付いて削除したところで、その複製が何万人、何十万人の元を飛び交い続ける可能性があるのです。

「Twitter は気楽につぶやけるツールとして魅力的ですが、1つ1つのツイートには、実は大きな責任がともないます。

朝起きたら、自分のツイートのなかに見覚えのない投稿がある。どうやら、酔っ払って投稿したらしい、という体験もときどき耳にします。そういうことは、やるべきではないのです。

酔っ払って帰宅したとき、習慣でついパソコンを立ち上げ、Twitter や Facebook の画面を開いてしまうかもしれませんが、酔っ払った状態でソーシャルメディアに書き込むことは、やめておいたほうがいいでしょう。

あなたは責任ある「情報発信者」として、読者に「凄《すご》い」と思わせる投稿をすることが、「ソーシャルメディア・ブランディング」であると説明しました。せっかく築き上げたブランドが、酔っ払って書いた一言やハメを外しすぎた写真で、見事に崩壊してしまうとしたら、そんな悲劇はありません。

その8　利用規約に違反しない

利用規約に違反しない。「そんなの当たり前じゃないか」と思うでしょう。

ではあなたは、Facebook や Twitter の規約を読んだことがありますか？　禁止事項としてどんなことが書かれているかを、それぞれ5個ずつ列挙してみてください。

答えられる人は、ほとんどいないでしょう。

多くの人は、規約など読んだこともないし、そもそもどこに「規約」が掲載されているのかも知らないと思います。

例えば、Twitter の場合、1日で大量のフォローや大量のリムーブをすることは認められていません。そうした行為を行ったため、アカウントが凍結されたりアカウントが削除されたりした話をよく聞きます。

Facebook であれば、「実名」で利用していなかったり、あるいは、1人で2つのアカウントを所有していたために、アカウントを削除されたという話もあります。

また、ソーシャルメディアをビジネス目的で使いたい人の場合は、「商用利用」の可否については、必ず確認してください。

Facebook なら商用利用が可能だから大丈夫だ、と思っている方も多いでしょう。しかし、Facebook が商用利用を認めているのは「Facebook ページ」上であって、「個人ページ」では商用利用が認められていません。「個人ページ」で、執拗《しつよう》に売り込み系の投稿を続けたとしたら、それは厳密には規約違反なのです。

違反行為を行うと、アカウントを削除される可能性もあります。今まで投稿した記事が、全て一瞬にして消えてしまいます。せっかく増やしてきた「フォロワー」「友達」「ファン」なども瞬時に消えてしまうということです。

その時間的、金銭的損失は計り知れません。一番の損失は「信頼」が消えてしまうことでしょう。

ですから、**Facebook や Twitter やブログなど、あなたが今、力を入れて取り組んでいるメディアの利用規約、特に「禁止事項」については、一度は目を通しておいてください。**

アカウントが凍結、削除されてからでは遅すぎます。

＊ Facebook の利用規約
http://www.facebook.com/note.php?note_id=10150282884035301
＊ Twitter のサービス利用規約　https://twitter.com/tos

その9　法律に違反しない

まさか自分が法律違反をしている。そんなことを思う人は、まずいないと思います。

しかし、実際には、法律違反のサイトやメルマガはたくさん存在します。そして、その当事者は、おそらく「法律違反をしている」という実感が全くない場合が多いのです。

例えば、「特定商取引に関する法律」（特商法）では、インターネット上で商品を販売する場合、販売者名（会社名）、住所、連絡先などを明記することになっています。これが明記されていない場合や、内容に誤りがあると違法になります。

また、「特定電子メールの送信の適正化等に関する法律」（特定電子メール法）によると、商用目的の電子メール（メルマガなど）では、メール送信者（メルマガ発行者）の名前、住所、連絡先、さらに、メルマガの解除方法などについても明記されていなければいけませんが、そうした内容が書かれていないメルマガはたくさんあります。少なくとも私の元にはそういうメルマガが毎日10通以上は届きますが、全て違法です。

このように、**インターネット上でビジネスをする場合には、最低限知っておかなくてはいけない法律が存在します。必要最低限の法律は、その内容を理解し、遵守しなければいけません。**

その10　政治、宗教など微妙な話はしない

政治や宗教の話を絶対に取り上げてはいけない、ということではありませんが、人によ

っては「政治」や「宗教」の話題というのは、絶対に譲歩できない話題となります。猛烈な反論が来たり、場合によっては炎上することもあります。

例えば、ある党についての批判を書く。世の中、必ず一定の数の支持者がいるわけですから、そうした人たちから反論が寄せられるかもしれません。

もしあなたが、政治評論家であるとか、経済評論家であるとか、「政治」の話題について書くことが自らのブランドになるのであればいいのですが、そうでない人がソーシャルメディアに書くと、大変なことになる場合があります。

そうしたリスクを踏まえた上で、論争や論戦になるのも覚悟の上で、敢《あ》えて話題にするのならいいと思います。しかし、執拗に反論してくる人もいます。そういう人のなかには、どのような正論で反論しても決して譲らず、より感情的に反撃してくる人もいます。議論が建設的ではないし、徹底的に議論したとしても、時間の無駄に終わることが多いのです。

友達数人で政治の話をすると盛り上がります。私もそういう話は好きですが、それは議論に参加する人、全員の顔が見えているからです。しかし、ソーシャルメディアにおいては、どんな人がそれを読んでいるのかがわからないのです。

１０００人が読んでいるとすれば、政治や宗教に関して極端な考え方を持つ人も読む可能性が高いでしょう。

そうした人にも敢えて読んでいただいて、反論にも全て受けて立つという覚悟があれば別に書いてもいいでしょうが、私は、そういうやりとりは楽しくないし、自分のウォールが論争で荒れることを望まないので、政治や宗教といった微妙な話題は、書かないようにしています。

当たり前だけどできていないルールを守って、ソーシャルメディアを楽しむ

以上、10項目、「ソーシャルメディアのマナー～やってはいけない10のこと」をまとめてみました。

「何だ、当たり前のことばかりじゃないか」と感じていただけたとしたら、むしろうれしいです。

しかし、**当たり前だけど、なかなかできていない人が非常に多いものですし、ついつい「やってしまう」という人も多いのです。**

ソーシャルメディアでの発言には、責任がともないます。

ソーシャルメディアを楽しみながら使うためにも、ここにまとめた「ソーシャルメディアのマナー～やってはいけない10のこと」は、常に念頭において いただきたいと思います。

そして、楽しく気持ちよく、人間関係を深めていただければ幸いです。

おわりに

ソーシャルメディアに「書く」ための心構えから、具体的な方法、ノウハウについて説明してきました。ここまで読まれた方は、こう思ったかもしれません。

これは、「ライティング術」というよりも、「コミュニケーション術」ではないのか、と。

はい、その通りです。これからの私たちのコミュニケーションにおいて、「話す」ことだけではなく、「書く」ことの重要度が大きく膨れあがってきます。

「書く」ことでコミュニケーションをとり、人間関係を深めていく。

そして、ソーシャルメディアに書くことで、より多くの人とつながり、認められ、信頼され、さらに関係性を深め、リアルなお付き合いへとつながっていく……。

逆に、ライティングが下手で、思っていることがうまく伝えられない、あるいは、本意ではないのに、読む人に不快な印象、ネガティブな印象を与える文章を書いてしまうと、それはあなたへの批判、誹謗《ひぼう》中傷、バッシングとなって跳ね返ってきます。あなたは大きく心を傷つけられると同時に、たくさんの人からの信頼・信用を失ってしまいます。

インターネットとリアル社会とが重なりつつある現在、ソーシャルメディアでの信用喪失はリアル社会での人間関係の破綻も引き起こしかねません。Facebook上の友達だけではなく、リアル社会での友達まで失い、孤独で寂しい状況に追い込まれるかもしれません。

そうならないために、最低限の「ライティング術」「コミュニケーション術」を学び、みなさんのコミュニケーションを豊かにしていただきたい。

それこそが私が本書を執筆した狙いであり、「精神科医」である私が、この本を書かなければならなかった理由です。

これからの10年間は、インターネット、そしてソーシャルメディアの時代であり、本格的な「書く」コミュニケーションの時代に突入することは間違いありません。

本書を「書くための教科書」、そして「コミュニケーションの教科書」としていただきたいと思います。

そして、みなさんのコミュニケーションがより豊かなものとなり、あなたを信頼してくれる人を1人でも多く増やすことができましたら、精神科医としてこれ以上の喜びはありません。

２０１２年2月

樺沢紫苑

樺沢紫苑（かばさわ・しおん）
精神科医、作家
1965年、札幌生まれ。1991年、札幌医科大学医学部卒。2004年からシカゴのイリノイ大学に3年間留学。帰国後、樺沢心理学研究所を設立。
メールマガジン「精神科医・樺沢紫苑　公式メルマガ」など15万部以上を配信している。その発行部数は国内でも屈指。
Facebookページの「いいね！」数は約14万で、個人では最大規模のFacebookページ運営者として知られている。Twitterフォロワーは約12万人。こうしたインターネット・メディアを駆使して、精神医学、心理学の知識や情報をわかりやすく発信している。「日本で最もインターネットに詳しい精神科医」として雑誌、新聞などの取材も多い。
また、過去20年間の読書数は6000冊以上にものぼる。その脳科学的な裏付けのある「記憶に残る読書術」により得た知識や情報をSNS上での紹介や執筆活動を通じて広くアウトプットしている。
著書にベストセラーとなった『読んだら忘れない読書術』『メールの超プロが教えるGmail仕事術』『ツイッターの超プロが教えるFacebook仕事術』（いずれも小社）、『もう時間をムダにしない！　毎日90分でメール・ネット・SNSをすべて終わらせる99のシンプルな方法』（東洋経済新報社）、『頑張らなければ、病気は治る』（あさ出版）などがある。

■ 精神科医・樺沢紫苑　公式ブログ　http://kabasawa.biz（無料メルマガ登録はこちらから）
■ Twitter　http://twitter.com/kabasawa
■ Facebookページ「精神科医　樺沢紫苑」　http://www.facebook.com/kabasawa3

SNSの超プロが教える
ソーシャルメディア文章術

2012年4月10日　初版発行
2018年12月25日　第3刷発行

著　者　樺沢紫苑
発行人　植木宣隆
発行所　株式会社 サンマーク出版
東京都新宿区高田馬場2-16-11
(電)03-5272-3166
印　刷　株式会社暁印刷
製　本　株式会社若林製本工場

ISBN978-4-7631-3217-8　C0030
ホームページ　http://www.sunmark.co.jp